U0182364

半人马座科幻书系
CENTAURUS

起源之地
CRADLE

分形橙子 等◎著

航空工业出版社

内 容 提 要

　　《起源之地》是"千里码"科幻征文获奖作品精选集，本书内容多对宇宙场景描写与思考生命来源，作品洋溢着对自然力量的崇拜与敬畏，是近年来少见的硬科幻作品。其中，分形橙子的《忘却的旅程》，文笔精巧又极富张力，小说以童话故事开头，引出"流浪地球"的悲壮主题，在宏大壮美的故事背景衬托下带给人无比的震撼。流浪的航程太长太长，在这漫长的航行中，如果发动机熄灭，人类忘记了最初的目标，将会发生什么？

图书在版编目（CIP）数据

　　起源之地 / 分形橙子等著 . -- 北京 ： 航空工业出版社 ， 2021.4
　　（半人马座科幻书系）
　　ISBN 978-7-5165-2513-5

　　Ⅰ . ①起… Ⅱ . ①分… Ⅲ . ①人类起源 Ⅳ . ① Q981.1

　　中国版本图书馆 CIP 数据核字（2021）第 070957 号

起源之地
Qiyuan Zhi Di

航空工业出版社出版发行
（北京市朝阳区京顺路 5 号曙光大厦 C 座四层　100028）
发行部电话：010-85672688　010-85672689
三河市双升印务有限公司印刷　　　　全国各地新华书店经售
2021 年 6 月第 1 版　　　　　　　　2021 年 6 月第 1 次印刷
开本：880×1230　1/32　　　印张：10　　　　字数：240 千字
印数：1—7000　　　　　　　　　　　　　　定价：45.00 元

起源之地，潜龙在渊
——《起源之地》序

文／三丰

　　这本书是"小科幻APP"团队继《流浪星球》之后推出的第二本原创科幻小说精选集。在这篇序言的开头，我要向"小科幻APP"团队致以个人的敬意，因为他们很了不起。

　　小科幻APP（之前它真的是一个APP，据说新版APP即将上线）创办于2013年秋季，至今已经走过了近六个春秋。

　　回到六年前的2013年，中国科幻是什么状况呢？彼时，大刘的"三体"三部曲出现在大众图书畅销榜上，他本人也首次攀上了作家富豪榜，但距离他获得雨果奖以及此后如超新星般爆发还有两年时间。彼时，专业科幻杂志只有《科幻世界》和《新科幻》两家，而后者很快也于2014年停刊；彼时，专业线上平台方面，"果壳微科幻"已经差不多停掉，大约只剩下有政府背景的"蝌蚪五线谱网"在勉力支撑；而现如今倍受资本青睐的科幻类初创公司一家都没有出现。简言之，那是科幻产业真正起步前的黎明时分。

"小科幻 App"出现于这个时期并不令我意外。在那个科幻还是小众，引不起多少外界关注时期民间公益性项目在科幻圈不时闪现，毕竟"商业不够，民间来凑"。同一时期，圈内影响力颇大的《新幻界》在坚持了四年后停刊，但仍有《彗星科幻》《极小值》《不周》《科幻文汇》等科幻爱好者刊物（Fanzine）存在。

"小科幻 App"令我钦佩之处主要体现在两个方面：其一是以"星海一笑"为首的主创团队不仅出工出力，还出钱为作者提供半专业级别的稿费；其二是它竟然坚持到了现在！它不仅没有像上述其它同期的 Fanzine 一样停掉，反而越办越红火，影响力也与日俱增。《流浪星球》和《起源之地》两本精选集的正式出版就是明证。

翻阅手上这本《起源之地》，同时回想六年来我个人的观察和参与经历（本人是小科幻读者评委团成员之一），我必须要说，"小科幻 App"真的是个有魅力的民间平台。特别是对于年轻的新晋科幻作者而言，它具有两大难以忽视的特质，一是包容，二是砥砺。

喜爱科幻的新作者思维活跃，虽常有出人意料的构思，却因写作技法不成熟等问题而无法在有限的专业刊物上发表自己的作品。在一次次退稿打击下，很多有潜质的作者就此失去了创作的动力。相对而言，"小科幻 App"对新作者友好很多，它鼓励创意和创新，包容新作者的稚嫩，也包容创作风格的多样性。

读《起源之地》时，我常为其中一些精彩的脑洞击节叫好。比如在《逐日》中，作者设想了一个"莫比乌斯环"式的小世界，身处其中的学者试图通过计算圆周率来找寻世界的真相。这个精巧的小品颇有些特德·姜的哲幻意蕴，耐人寻味。又比如《叛逆者》以科幻方式重述演绎了"夸父追日"神话，还有《双曲陷阱》生动描绘了曲率引擎飞船在双曲空间中的惊险之旅，无不体现了新作者们蓬勃的创造力和创意产出能力。而这些正是科幻这个致力于"探索新边疆"的文类赖以生存和发展的基础。

当然，我们也不得不承认，《起源之地》中不少作品都带有习作味道，完成度尚有欠缺。新作者提高作品完成度这件事不是能一蹴而就的，很多时候也需要旁人的帮助，比如资深的前辈或编辑，又比如同侪作者。"小科幻 App"这几年聚拢了一批有才华有活力的新作者，组成了一个事实上的同侪互助社群。线上和线下，他们互相鼓励对方的创作，就每一期"千里码征文"的作品进行互评，毫无保留地提供有价值的写作建议和意见。同辈作者间相互砥砺，携手前行，不仅走得更稳，也能走得更远。

据我所知，本书的一些作品就经过了同侪的打磨，呈现效果与最初的版本有了相当大的提高。完成度很高的作品包括《零》《潜龙在渊》和《起源之地》等几篇。我个人很喜欢《潜龙在渊》这一篇。小说以《水经注》作者郦道元寻龙为线索，深度挖掘了这位北魏地理学家崇高的精神世界。作者很好地平衡了历史的真实与想象的虚幻，令读者既熟悉又陌生，既沉浸又抽离。

在我看来，"小科幻 App"这个独特的平台可算是中国科幻的"起源之地"之一，期待围绕着它的新作者犹如"在渊"之"潜龙"，在不久后的将来一飞冲天。

时光赋色，岁月鎏金。在祝贺《起源之地》出版之际，也祝愿"小科幻 App"再接再厉，开创出属于自己的一方美妙天地。

三 丰

2020 年 4 月 2 日于香港

目　录

Contents

001	空行母	文／分形橙子
033	黄金天堂	文／于　博
041	点亮黑洞	文／天降龙虾
052	带我走	文／无　奖
068	情人劫	文／Tossot
082	叛逆者	文／张岳伟
098	零	文／刘　琦
115	缺席审判	文／美菲斯特
129	热刺地带	文／美菲斯特

139	潜龙在渊	文／分形橙子
174	双曲陷阱	文／美菲斯特
182	神女峰	文／光　艇
199	时空之母	文／天降龙虾
209	桃花潭	文／光　艇
227	逐　日	文／封　龙
234	恒博利尔	文／夜孤行
250	帕劳仲夏梦	文／游　者
261	起源之地	文／流　沙
275	忘却的航程	文／分形橙子

空行母

文 / 分形橙子

探星者

"白色玛丽"号静静地停泊在 Glise-591g 的近地轨道上。

"我总是有一种不好的预感,"站在舷窗前,看着那颗行星在云雾中若隐若现,丽丝说,"我觉得我们没有完全准备好。"

"哥伦布和麦哲伦起航的时候也这么想,"乔的声音从丽丝身后传来,"世界上没有完全准备好的探险,不过考虑到我们航行了这么远,你有这种感觉也不足为奇。"

丽丝转过身看着乔,他看起来恢复的很不错,乔很强壮,三天前刮过的胡须已经又长出了细密的胡茬,让他的下巴和脸颊呈现铁青色,配上他笔挺的鼻梁和薄的几乎看不见的嘴唇,让他看起来更像一个指挥官。即使作为一个探星者，刚从累计 223 年的冬眠中醒来三天就恢复到了全盛状态，也的确令人吃惊。当然，丽丝自己恢复得也不错，但比起乔，她似乎显得更焦虑一些。面对未知，女性和男性的区别正在于此，男性更具有侵略性和冒险性，而女性则更谨慎和小心，也许这正是探星者如此搭配的原因之一。

"谢谢，乔，我会把这看作是一种安慰。"

"它的确是，"乔笑了，他伸出手拂过丽丝的发丝，仔细地将一缕飘落在她额头的金发梳理到她的耳后，"不必担心，丽丝，一切都会顺利的。"

丽丝知道乔说的对，自己的担心的确是多余的。人类对地外行星的探索已经持续了数百年，不管从哪个角度来说，这次的探索行动都没有什么特殊之处。何况，后继者随时都可能出现，他们已经等待了七十二个小时，按照 UNSA 的规定，他们还需要等待九十六个小时才能进行实地探索。

丽丝重新转过身，注视着眼前的这颗行星，这是一颗被厚厚的云层遮掩住的大小与火星相仿的行星，编号 Glise-591g，由 NASA 于 21 世纪初发现并命名。它的表面大气压是地球标准大气压的 1.5 倍，主要含量是氮气和二氧化碳。赤道温度达到 80 摄氏度，中高维地区温度适合人类活动。复杂多山的地形显示这颗行星的地质活动很剧烈，地表存在液态水，但没有形成海洋，只有一些分布于高纬度地区的湖泊。其中最大的湖泊位于南半球的一片群山之间。透过望远镜，丽丝偶尔在云层的缝隙里能隐约看到那个湖，奇异的是，那个湖呈现出粉红色。丽丝自作主张给它起了一个名字——玫瑰湖，和地球上非洲塞内加尔的那个玫瑰湖同名。以前在地球上的时候，丽丝和乔曾经慕名而去，但他们运气不佳，选错了季节，那个在图片上呈现唯美粉色的湖存在于 12 月和 1 月期间，由于阳光和水中的微生物以及丰富的矿物质发生化学反应，湖水就变成了玫瑰花般的粉红色。丽丝和乔是在 8 月到的，他们只看到了一片浅蓝色的湖面和湖边堆积如山的盐堆，当然还有在烈日下在湖底采盐的当地人。即使已经进入二十二世纪的当时，依然有人继续做着这种辛苦的工作。也许文明永远无法浸润到地球的每一个偏远角落。丽丝最终也没有亲眼见到玫瑰色的湖水，不过看来她的梦想要在这颗行星上成真了。

丽丝收回了思绪，按照推算，地球时间应该已经是二十七世纪中叶了，如果她愿意，甚至能将这个时间精确到秒，但丽丝不想那么做。过去的七十二个小时里，丽丝和乔向 Glise-591g 发射了大气层探测器。探测器发回了更多细节，在行星地表存在一种类似石英的奇异晶体。这些晶体绝大部分成球状，大小不一，从直径数米到几厘米都有。围绕着晶体球的形成原因丽丝和乔有过激烈的争论。乔认为这是一种典型的矿物自组织现象，和存在于地球上自然形成的矿物晶体一样，精美的盐粒和钻石也都是自然形成的。这种形成机制是由一种普适的规律统治的，换句话说，在巴纳德行星上出现的雪花也必然和地球上的雪花没什么不同——至少从拓扑上来说。而丽丝对此却持有异议，她的理由很简单，地球上并未出现此类矿物晶体，而地球上出现过的类似圆形的鹅卵石是因为水流冲击导致的，但是这些晶体球并未全部都出现在湖边，在远离湖边的大陆上也有分布。而且更重要的，这些晶体的形状更像真正的鹅卵，而非地球上因为水流冲击出现的那些扁平的鹅卵石，而且晶体球尺寸相差太过悬殊。丽丝甚至认为，这些晶体球有可能是一种生命的卵，甚至可能它们本身就是一种可以自我繁衍复制的自组织生命。"我们的思想早就应该摆脱对生命局限的理解，"在争论中，丽丝说道，"

为什么总以地球上的生命形式为蓝本去寻找外星生命呢？生命只是一种高级的自组织现象，并没有多大的神秘感。每个星球的环境不同，自组织表现的形式会完全不同。用地球生命的定义去对比其他的星球，这显然是……。""愚蠢的，"乔接住了丽丝的话，他向来了解丽丝，丽丝说出上半句，乔都能知道丽丝的下半句是什么，但他丝毫不以为意，"没错，丽丝，我也真心希望你的想法是正确的，相信我。"丽丝知道乔想说什么，人类探索地外行星已经数百年了，但人类从未发现地外生命，即使最简单的细菌都没有发现过，更别提外星文明了，最好的情况也只是发现一些勉强能称得上是有机大分子的物质。每一个探星者都希望能将自己的名字用金色镌刻在第一次发现外星生命的丰碑上，当然也包括丽丝和乔。

不管怎么说，再过九十六个小时，他们就可以亲自登陆那颗行星，看看那些晶体球到底是什么了。在此之前，他们需要等待。

"乔，"丽丝出神地凝视着云雾缭绕的 Glise-591g，玫瑰湖在云层间时隐时现，她想象着她和乔一起在那个玫瑰湖附近降落，身边围绕着粉色的晶体球，"我们要个孩子吧，等我们回到地球……。"

乔显然没有预料到丽丝突然说这句话，他以为自己听错了，但马上他就知道丽丝是认真的，他沉默了一小会儿，从身后轻轻把丽丝环绕住，一股爱意在他们之间蔓延，乔轻声说道，"丽丝宝贝，你为什么突然这么想？"

"等我们结束这一次探星，就回地球定居下来吧，我希望能住在海边，最好是佛罗里达，要有很大的玻璃窗，每天都能看到海上的日出和日落，"丽丝说，她想了想，又加了一句，"要有壁炉和手磨咖啡。"

乔没有说话，但丽丝知道她的这番话在乔心里无疑已经掀起了巨浪。上一次探星结束之后，乔就暗示过丽丝结束探星生涯，但丽丝假装没有领会到乔的意思。当时她已经知道了任务目标是 Glise-591g,这颗距离地球 23 光年远的行星就像磁石一样吸引着她。丽丝渴望着探索这颗地外行星,她渴望能成为发现地外生命的第一个探星者。但此时面对 Glise-591g,从长达两百多年的冬眠中醒来,丽丝突然意识到地球上又过去了两百多年,这也是她跳跃最大的一次,她也突然理解了乔。

长路漫漫,必有归途。

"谢谢你,丽丝。"乔最后说。

稍早之前,乔发射了环绕 Glise-591g 运行的信使,这个信使实际上是一颗人造卫星,它会按照 UNSA 规定的频率持续发射信号。如果后继者赶来,他们能根据信标发出的信号知晓丽丝和乔已经登陆行星。如果后继者没有来,这个信标发出的信号也可以指引丽丝和乔在地面上的行动。

Glise-591g 是一颗距离地球二十三光年的行星,它是恒星系中的第三颗行星,也是唯一一颗以人类所有的技术可以登陆的行星,其他的行星要么是气态巨行星,要么就是类似于金星的那种严酷的自然环境。而这个恒星系是宇宙中最常见的双星系统,两颗恒星中的一颗已经临近暮年,跨入了红巨星的行列,另外一颗却依然光芒四射。Glise-591g 就是围绕着这两颗恒星共同的质心旋转。

作为诸多探星者小组的一员,丽丝和乔已经搭档探索过三颗地外行星,在此之前,乔已经是一位探星者了,但他对之前的经历闭口不谈。丽丝也从未问起他之前的搭档出了什么事情。按照地球时间来算,他们已经搭档了 500 多年的时间。当丽丝和乔第一次从地球出发时,地球还是二十二世纪,而现在已经是二十七世纪了。

二十二世纪中叶,随着一系列航天技术的突破,人类终于能够制造出拥有跨恒星系航行的引擎。但是和科幻小说中的乐观预测相比，现实却是沉重的。早在二十世纪就出现的曲率引擎和空间折叠等技术概念，却始终没有被突破，人类能够制造出的最强的引擎也只能将飞船加速至 10% 光速。

10% 光速的飞船和人体冬眠技术相结合，终于赋予了人类跨恒星系航行的能力。联邦启动探星者计划之后，无数小型飞船搭载着探星者小组前往深空，对地外行星进行探测。但是 10% 的光速对于广袤浩瀚的宇宙来说依然太慢了，对距离地球 10 光年的地外行星进行实地探测，就需要花费至少 200 年的时间。而当探星者小组归来之后，地球上的时间也已经过了数百年。所以探星者小组都是由情侣或者夫妻组成，他们就像一对对前往未来的时空旅行者，被抛离了地球正常的时间线，在孤寂的时空中互为伴侣。

第一队探星者夫妇花费了 200 年时间抵达了 RSB-201c 地外行星，当他们到达的时候，惊奇地发现比他们出发更晚的后继者已经到达了。其实这种可能性在他们出发之时就已经有科学家提出了，宇航技术是不断发展的，先出发的飞船很有可能被更高技术更快速的后来者追上。所以每一个探星者小组在抵达目的地之后，如果没有发现后继者，也都会留下一个信标告知可能到来的后继者。

旅途越长的探星计划，就越容易遇到后继者。丽丝和乔在第二次探星中就遇到了后继者，只是后继者在他们离开之后才到达。这一次对 Glise-591g 探测花费的时间远远要比之前的探测时间长，虽然丽丝和乔再次出发之时已经乘坐了速度达到 20% 光速的飞船，但这次的探测光单程就达到了 200 多年。200 多年时间里，地球上几乎肯定能发展出更先进的引擎，也就是说，丽丝和乔几乎一定可以遇到后继者，但当他们抵达 Glise-591g 时，却没有发现任何后继者的踪影。虽然感到意外，但这种情况也不是完全不可能发生。后继者没有到来的原因可能有很多，最大的可能是人类的技术发展遇到了瓶颈，没有开发出足以追上"白色玛丽"号的新型飞船，当然，也许后继者正在赶来的路上。至于最坏的可能，就不在探星者们的考虑范围之内了。

根据 UNSA 的规定，队员从冬眠仓中苏醒之后，不管遇到什么情况，都必须在飞船上待满 168 个小时也就是地球上的一周时间之后，才允许进行登陆行动。医学专家们认为一周是队员们的身体恢复到正常水平所需的最短时间，同时在这段时间中，探星者也可以发射探测器对即将登陆的陌生世界做好预先探测，做好一切准备。毕竟，探星者们即将踏足的是从未有人类抵达过的陌生世界。

"还有四天，"乔说，"四天之后，我们就可以去一探究竟了。"

登陆

登陆的日期很快就到了，丽丝和乔穿好宇航服，登上了登陆艇。

现代的宇航服结合了外骨骼技术，早已不像 20 世纪和 21 世纪初的宇航服那么笨重不堪，穿着非常轻便，活动自如，以至于丽丝穿上宇航服之后，依然保持着少女般婀娜的曲线。

登陆艇脱离了母舰，开始沿着一条平稳地轨道下降。在舷窗里，雾气翻滚的行星渐渐逼近，尽管已经不是第一次登陆行星，丽丝还是不禁放慢了呼吸声，生怕打扰了这个陌生的世界。很快，登陆艇进入了大气层，消失在浓密的云雾中。

"减速发动机启动。"乔的声音传来，他按下了主控台上左边的第三个红色圆形按钮，同时拨开了头顶上的一个黑色开关。

嗡嗡的声音响起，登陆艇微微震动了一下，丽丝知道减速发动机已经顺利启动了，此时登陆艇已经受到了气流的影响，颠簸也剧烈起来。

"进行地形扫描，选择最佳登陆点。"丽丝说，她操控着扫描仪寻找着玫瑰湖附近的最佳登陆点。

"辅助稳定发动机开启，进行水平环绕飞行。"乔继续说，登陆艇已经下降到预定高度，乔关闭了减速发动机，启动了稳定发动机，登陆艇即将水平巡航模式。

登陆艇已经钻出厚实的云层，迷雾散去，视野一下子变得开阔，Glise-591g 的大地出现在丽丝和乔面前。丽丝不禁屏住了呼吸，尽管她已经不是第一次来到异星世界，但依然被 Glise-591g 的景色深深震撼了，这是一颗以黄色和黑色为主色调的星球，在黄色和黑色之间还点缀着一些奇异的粉色斑点。

Glise-591g 的表面到处都是崎岖陡峭的山脉和幽深的峡谷，黑色的巨岩随处可见，巨大的火山口撕裂了大地，岩浆流过的地方呈现一片黑色，仿佛大地上的伤疤。登陆艇飞过这片地狱般的山地，进入了一片平原的上空，在平原的尽头，一点粉色吸引了乔和丽丝的注意，那就是丽丝命名的玫瑰湖，也是他们预定的登陆点。但他们不会现在登陆，而是准备环绕这个星球一周后再进行登陆。不管探测器多么先进，他们还是希望能用肉眼好好看看这个世界。

登陆艇很快就从玫瑰湖上空掠过，丽丝注意到一片淡淡的粉红色分布在玫瑰湖的东北岸，那些都是未知的粉色晶体球。尽管在其他地域也有分布，但玫瑰湖附近显然是一个分布比较集中的地方，这更加证明了丽丝的猜测，也许那些晶体球更"喜欢"聚集在水边？而众所周知，液态水在生命活动中起着重要的作用。

想到这里，丽丝不禁感到一阵隐隐的兴奋。乔显然也猜到了丽丝在想什么，他微笑着说，"丽丝，你是否还记得，如果我们遭遇了外星人，我们要遵循的原则是什么？"

丽丝当然记得，她的记忆并没有因为两百多年的冬眠受到影响。1953 年，美国联邦检察官和前国际宇宙航行联合会副总裁的安德鲁·海利在一篇文章中讨论了把外星人当任何人类将被对待的一样对待的想法，后来这个想法被扩成到包括外星生命的黄金法则，"元法则"。来自奥地利的律师厄恩斯特将元法则细化成为三条主要原则，分别是：1) 人类不应伤害外星人。2) 外星人和人类都是平等的。3) 人类应该承认外星人来生活并有其中能这样做的安全空间的意愿。这条原则虽然已经诞生了接近八个世纪之久，但依旧没有派上用场。丽丝知道这是乔的委婉提醒，毕竟，那些粉色球状晶体如果真的是外星生命，失去理智地贸然接触很可能会带来极大的危险。

"我当然记得，乔，谢谢你的提醒。"丽丝回答，"不必担心，我知道该怎么做。"

乔点了点头，继续说道，"如果那些粉球真的不是自然形成的，这可能会是人类探星史上最伟大的发现，我们会为我们的探星生涯画上一个完美的句号。"

"我想我们很快就能知道答案了，"丽丝说，她注意到玫瑰湖的旁边有一条山脉，扫描显示在对着玫瑰湖的方向似乎有一个洞口，还有水流从洞口流出汇入玫瑰湖，"我看到一个山洞，湖水似乎是从山洞里流出来的，也许我们应该进去看看。"

乔耸耸肩，没有再说话，这时他的注意力被另外一种东西吸引了，那是突然出现在云层中的某种东西，某种一闪而过的东西……当蓝色的光芒再次闪过，乔看清楚了，那是蓝色的闪电。这时丽丝也注意到了云层中出现的蓝色闪电，她也看向舷窗外，没错，蓝色的闪电零星的出现在云层中，仿佛一条条蜿蜒的蛇在黄色的云层中穿行，仿佛是这个星球特别的欢迎方式。

丽丝突然有一种错觉，他们贸然闯进了一个美丽的童话世界，黄色的云雾中蓝色的精灵在舞蹈，仿佛在举办一场以天地为舞台的盛大舞会，登陆艇像一只飞蛾贸然闯进了这个美丽的世界。舞蹈的旋律并没有因为他们的到来而打断，参加舞会的精灵多了起来，它们畅快的飞舞着，风暴在聚集，随时准备着把他们撕成碎片。

但丽丝和乔都知道这种美丽的景象只是一种假象，如果被雷电击中，登陆艇还是有一定几率出现部件损伤，而且看起来这些蓝色的闪电显然要比地球上的闪电要强烈许多。虽然他们已经脱离云层，但依然没有脱离闪电的肆虐范围，但他们已经别无选择，必须尽快降落。

"我们环绕轨道整整一个星期，似乎没有观测到任何闪电，"乔开口说道，他的声音里有一丝担忧，"可是你看这种闪电强度，在近地轨道是不可能观测不到的。"

丽丝知道乔的担心，事实上她也有一些疑虑，这种强度的闪电即使在近地轨道都可以轻易用肉眼发现，更不用说他们还发射了深入大气层的探测器，也没有发现电荷富集的情况，这场风暴的确有一些巧合。她开了个玩笑试图让乔放松一些，"也许这个星球在为我们举办一场欢迎仪式。"

"也可能是示威。"乔耸耸肩，他再次压低登陆艇的高度，地面上更多的细节出现在他们眼前。地面上依然看不到任何植被，黑色的戈壁、山岭和峡谷交错，有那么一两个瞬间，丽丝甚至又看到了两条河流在峡谷中一闪而过。他们很快就冲出了风暴的范围，天空呈现出一种明亮的橘红色，就像火星上的天空。

丽丝对这颗行星的兴趣越来越浓厚了，事实上，在地外行星探索史上，很少能发现有液态水直接存在于地表的星球。火星上早就被证实了存在水，但绝大多数水都集中在两极以地底的冰盖形式存在。而太阳系中其他有液态水存在的星球，木卫二的液态水则隐藏在几百米厚的冰盖之下，但是人类迄今为止也未发现在地表存在液态水的星球。而 Glise-591g 的发现终于打破了这一项记录，如果他们能够在这颗星球上发现任何生命体的迹象的话，人类对生命的认知水平就可以达到一个新的高度。

登陆艇的飞行速度很快，差不多两个小时后，登陆艇就绕了一周，重新进入了风暴的范围。登陆艇已经快要回到玫瑰湖的上空。他们的高度又下降了许多，乔再次开启减速发动机，登陆艇开始盘旋着沿着一条陡峭的螺旋曲线迅速下降。

这一次，丽丝可以仔细用肉眼观察玫瑰湖了，那个湖面积并不是很大，大约只有几十平方公里，但这也说明了这个湖可能很深，因为他们都看到了有一条宽阔的河流注入到了玫瑰湖。而那条河流正是从一个山洞中流出来的。

"这个星球上一定有一些我们还未认知到的机制，"乔评论道，"我们没有发现任何海洋的存在，这个星球虽然存在表面液态水，但是看起来似乎太少了点，这么少的液态水怎么会支撑这么厚的云层？"

丽丝知道乔说的没错，即使湖水再深，表面积也永远无法和海洋相比，而蒸发量是和水体的表面积强相关的。

"我们会搞清楚的，"丽丝说，她看着地面在逼近，乔是一个技巧娴熟的飞行员，登陆艇每下降一圈，盘旋半径就变得越小。最后，乔启动了登陆发动机，登陆艇正下方的等离子喷口启动了。登陆艇调整着姿态缓慢下降，他们再一次越过了玫瑰湖，沿着河流向上游进发，进入峡谷上方，他们才意识到，那个山洞是多么的巨大，足以让他们的登陆艇直接飞进去。

"我们有两个选择，"乔说，"我们可以先在山洞口旁边的浅滩着陆，也可以直接飞进山洞，你怎么看？"

"先着陆吧，我想先看看那个湖。"丽丝回答，她知道乔不会做出直接把登陆艇开进山洞的鲁莽举动，和这个男人呆的时间足够久，你就会发现他的哪一句话是真实的，哪一句话是在开玩笑。

"如你所愿，美丽的女士。"乔得意地说，这时他似乎化身为一个骑士，很快就操控着登陆艇稳稳地降落在了山洞口的平地上。

登陆艇平稳以后，他们按照登陆流程做了一些登陆前的正式准备工作，丽丝设定好了警戒程序，一旦有不明物体接近，登陆艇会立即向丽丝和乔发出警报。乔打开了空气探测器，发现一个奇怪的现象。山洞外的大气成分和他们在轨道上取得的数据基本一致，主要含量是氮气和二氧化碳，但是从山洞里吹出来的空气则显示空气中富含了氧气。换句话说，那个山洞里的空气成分和外界不同。

"这就有意思了，"乔迷惑地看着显示屏上的数据，"如果这种山洞内部富含氧气，那么它必定链接到地层下某个空间，换句话说，这是一个通风口。但通风口肯定不止这一个，按照这个流速，这个星球的大气成分应该早就被改变了才对，为什么我们没有探测到氧气的存在。"

"也许有东西在消耗氧气，"丽丝说，"我更感兴趣的是这个山洞到底通向什么地方，你读过凡尔纳的《地心游记》吧？"

"当然，"乔点点头，示意丽丝放下面罩，他已经准备打开舱门了，"我们先去湖边看看那些水晶球是怎么回事，然后，我们就到山洞里去看看会不会有一个新的世界在等着我们。"

丽丝合上了面罩，乔的呼吸声从她的耳机声中传来，"通话系统检测完毕，一切正常。"丽丝说。

"clear。"乔简短地说，他起身走向气密室，丽丝紧随其后。

玫瑰湖

当外舱门开启的时候，丽丝分明感觉到一阵微风袭来，但她知道这是长久以来身处一个密闭空间后突然来到一个空旷世界很容易产生的逼真错觉。宇航服的封闭系统是保障宇航员们人身安全的终极保障，当然，他们没有忘记带上他们的武器。

丽丝抬头望去，她惊奇的发现天空竟然很晴朗，厚厚的云层和强烈的闪电都已经消失了，暗红色的天空中仅仅飘荡着几小片云彩，仿佛刚才还凶暴肆虐的风暴只是一个幻觉。

峡谷的开口正对着东方，他们可以看到巨大的红巨星在地平线上已经沉下去了一半。而奇妙的是，在红巨星的上方，有更加强烈的黄色光芒正在出现，仿佛给它衰老的身躯带来一丝生机。红巨星在缓慢地降落，而在它身后，生气勃勃的伴星却在升起。伴星很快在红巨星上方出现，强烈的光芒让红巨星黯然失色。上升只是相对的，伴星上升的速度明显慢于红巨星下沉的速度，当红巨星完全消失在了地平线，伴星也只有一小部分还在地平线上，它也在下沉，真正的黑夜即将来临。

"距离天黑还有大概两个小时，"乔的声音从无线电里传来，"丽丝，我们有足够的时间。"

乔带头向峡谷外走去，河水在他们右手边缓缓流过，丽丝回头看了看那个山洞，那的确是一个巨大无比的山洞，洞里黑漆漆的，仿佛一个巨兽大张着的嘴。丽丝不禁被自己的想法吓了一跳。他们的登陆艇虽然是小型双人登陆艇，但也比一辆大巴车要大一圈，但是在洞口停着就像巨兽之口前的一粒食物残渣。丽丝从未见过如此巨大的山洞，即使在地球上也没有见过。也许乔说得对，这个洞口可能真的通向一个难以想象的地下世界。

但是现在，玫瑰湖和它周围的水晶球才是他们真正的目标。丽丝跟着乔一起沿着河流向峡谷的出口走去，粉色的玫瑰湖就在前方。丽丝注意到河水流淌的非常缓慢，这无疑是一条地下河，一定是通过涌泉从地层深处涌出的，按照这个流速判断，在山洞里很可能还有另外一个湖泊。而那个湖泊身处一个富含氧气的空间，想到这里，丽丝不禁又开始兴奋起来。

乔突然停下了脚步，他仔细地望着河水，对丽丝说，"丽丝，你看，河水下面好像有什么东西。"

丽丝打开探照灯，刺眼的光柱射穿了河水，这下他们都看清了，河底也有许多水晶球，在光柱的照射下发出幽幽的粉光。

"这些水晶球，不符合鹅卵石的形成条件，"丽丝说，"它们不是因为水流自然形成的。"

乔点点头，丽丝说的有道理，如果这些水晶球真的是类似于地球上的鹅卵石一般的存在，那么至少在岸边应该会存在大量的水晶球和相同材质的水晶，但更重要的是，这些水晶球太圆了，就像一只只真正的卵。

他们继续向前走去，很快就走出了峡谷，来到了玫瑰湖岸边。当丽丝和乔看清楚玫瑰湖之后，他们不约而同地倒吸了一口冷气，尽管早就有心理准备，但丽丝还是被眼前的景象震惊了。和塞内加尔的玫瑰湖不同，塞内加尔的玫瑰湖之所以呈现粉色，是因为湖水中存在着大量嗜极菌在极端条件下繁殖导致湖水呈现粉色，但眼前这个玫瑰湖则是因为水底密布着大大小小的粉色水晶球导致湖水完全呈现粉色。这些水晶球在白色的湖底就像一颗颗美丽的珍珠，一直延伸到幽暗的水底。丽丝几乎能肯定的是，湖底一定被这种水晶球铺满了，所以整个湖水才呈现出粉色。

"太美了。"丽丝情不自禁地说，她从未想到能亲眼看到如此美丽的景色，尽管她见过狂暴的恒星在黑暗的宇宙中燃烧，长达数百万公里的狂潮在黑暗中咆哮，也见过因为轨道过低即将坠入恒星的行星发出临死前的哀鸣，但那些都是雄性狂野的美，而眼前这个玫瑰湖是一种属于雌性的、精致的美。

但乔却一脸凝重，他冷静地说，"丽丝，我们检查一下岸上的水晶球，看看它们到底是什么东西。"

说完之后，乔就率先向玫瑰湖的东北方向走去，那里是他们在空中观测到的粉色球体分布的一个区域。丽丝赶忙跟上，她强迫自己把视线从湖水挪开，眼前所见的一切都会被安装在头盔上的摄像头360度无死角的精确记录下来，包括声音，他们不会错过任何景象，眼下还是眼前的路更重要。

他们很快就到达了目的地，映入眼帘的是一片布满了粉色球体的区域，但丽丝马上就发现了其中的异常，这些球体似乎是被仔细摆放在这里的，因为每一个球体都没有和其他球体相接触，而是"刻意"分散开来，每一个球体都和其他球体保持着一定距离。但是更让丽丝感到惊喜的是，这些球体其实并不是正圆形，而是椭圆的卵形，更重要的，每一枚"卵"都是直立放置。

"你是对的，丽丝，"乔说，"这些东西，的确是某种卵，它们不可能是自然形成的矿物晶体。"丽丝注意到乔已经悄悄改变了对这些晶体球的称呼。

丽丝走到一个"卵"的跟前，她蹲了下来，仔细观察着，她发现乔说的没错，这些球体的确是某种卵。乔也走了过来，他小心地绕过其他的卵，来到丽丝面前蹲下，两个人一起端详着面前的这个卵。这个卵大约有 20 公分高，外壳很薄，呈半透明，透过卵壳可以看到里面有某种精细的结构浸泡在卵中的液体里。

"如果这些真的是卵，那么它们的母体在哪里？"丽丝喃喃地说。她很快就从发现外星生命的兴奋中恢复了作为探星者应有的理智，"我是说，有什么地方不对劲，这些卵的大小不符合常理。"丽丝说的有道理，从外形特征上来看，这些卵应该属于同一物种，但是同一物种的卵的大小不应该差别这么大。目光所及之处，最大的卵足有一公尺高，而最小的卵甚至还不如一只地球上的鸡蛋大。

"的确如此，让我们看看这个小家伙长的什么样。"乔站起身，他已经用扫描仪扫描了这只卵的内部结构，经过计算机处理的三维图像很快就投射到他们眼前，一个类似于水母的生物体出现在他们面前。

"是水母？"丽丝惊喜地说，她的眼前出现一只三维水母，经过计算机处理之后，这只水母像一只精灵般在空中舞动。丽丝呆呆地看着眼前的这只水母，它悬停在丽丝的视野中央，随着丽丝的视线转移，水母也在空中游动着，这一幕似曾相识，丽丝有些痴了，眼前的景象仿佛链接到了一个遥远的梦。

"只是看起来像水母，"乔纠正她，他关掉了显示器，眼前的水母消失了。乔站在丽丝身后思索了一小会儿提醒道，"丽丝，你有没有注意到，这里所有的卵都是完整的。"

丽丝收回了自己的思绪，她也关掉了显示器，飘荡在眼前的水母消失了，她站起身，同意了乔的意见，"没错，看起来这里不是一个孵化场。"

"这就奇怪了，"乔说，"那么这些卵的孵化场在哪里？会不会……"他的目光转向了粉色的湖面，"在这个湖里？"

丽丝点点头，"如果这些生物真的是类似于地球上的水母的话，孵化地必然是在水里。"

"那么为什么这些卵会在岸上，"乔质疑道，"而且，你是否忘记了我们在远离湖泊的地方也发现了这些卵？"

丽丝想了想，也没有什么头绪，不过这没什么大不了的，他们都非常清楚，这些生物只是外形和水母相似罢了，它们和地球上的水母不可能有任何亲缘关系。不过，这些生物的发现，倒是证明了趋同进化现象也许是宇宙中的一种普适规律。

这是一种趋同进化现象，实际上在地球上这种现象非常普遍，一个非常常见和典型的例子就是作为哺乳动物的鲸鱼和海豚都具有与鱼类相似的体型。类似于水母结构的外星生命也多次出现在幻想作品中，比如有的科幻作家设想了飘浮在木星大气层中以雷电能量为食的飘浮者，想到这里，丽丝不禁想起了登陆艇降落时遇到的奇怪的蓝色闪电。"也许，这些生物是飘浮在空气中的，"丽丝说，"它们在空中飞翔，就像地球海洋里的水母。"

乔点点头，"不过这里肯定不是它们的孵化场，我们没有发现任何蛋壳。而且，也没见到其他的生物体，一个生态系统里不可能只有一种生物。"

"也许答案就在湖里，"丽丝沉思着，"也可能在那个山洞里，河流里也有很多卵。"

"数据都已经记录完毕，我们去山洞里看看吧，"乔望着地平线，此时红巨星已经完全看不见了，伴星也已经上升到了最高点，已经开始下沉，黑夜即将来临了，"也许我们在黑夜来临之前还能发现些什么。"

丽丝同意乔的看法，他们离开了这片"孵化场"，沿着来时的路向山洞的方向走去。这一次河流在他们的左边，丽丝惊讶地发现，尽管天色比刚才要暗许多，但河流底部的粉色却愈加清晰了。她转头望去，发现所有的卵都发出幽幽的粉色光线，如梦似幻。

乔也注意到了，不过他只是简单地说道，"丽丝，让我们抓紧时间吧。"

他们很快就回到了登陆地，越接近山洞，河流的微光就越强，甚至能照清路面。但是乔和丽丝还是打开了头盔上的探照灯。他们从登陆艇旁边经过，沿着泛着幽幽粉光的河流走进了山洞。尽管穿着舒适恒温的宇航服，走进这个巨大的山洞时，丽丝还是微微地打了一个冷战。她抬头望向洞顶，强力探照灯照亮了洞顶，但那里只有黑色的岩石，悬挂在离地面数十米的高空。

他们沉默着继续向前走，沿着河流走的好处就是不会迷路，至少到目前为止，河水并没有分叉，也没有流进地底。河水平稳地流淌着，随着他们的深入，自然光已经几乎全部消失了，粉色的河流发出的幽幽光线让他们沉浸在一个粉色的世界里。

终于，转过一个陡峭的弯，他们抵达了目的地，视野突然开阔，一幅也许在梦中都不会出现的场面突兀地出现在丽丝和乔面前。

空行母

他们来到了河流的源头——一片蓝色的湖泊突然出现在他们面前，尽管已经有了心理准备，但眼前的景象依然让丽丝和乔猝不及防。和玫瑰湖不同的是，这片蓝色的湖泊被真正的水晶所环绕，巨大的水晶像小山一样矗立倾斜在湖泊的周围，而且发出幽蓝的光，整个洞穴内部都被照亮。

岸边有许多破碎的蛋壳，这里无疑就是他们寻找的孵化场，而更吸引他们注意的是这个洞穴中飘荡着许多粉色的"水母"，正如丽丝所预料的，它们真的是飘浮在空气中的生灵。和刚才计算机模拟出来的"水母"很相似，这些优雅的生灵在空中轻盈地飞舞，它们的触手垂落下来，在身后轻柔地舞动。这些小生灵的身体就像真正的水母一样呈伞状，吸入气体，然后从"伞"的底部喷出，形成推动力。

巨大的空间中到处都是飞翔的"水母"，不，丽丝的脑海里突然想起一个新名词——也许应该叫它们"空行母"更贴切。丽丝有四分之一的华裔血统，她的祖母信奉喇嘛教，当她第一次听说"空行母"这个名词的时候，脑海里出现的情景正是眼前这个场景。幼时的丽丝真的以为世界上存在这种行走在空中的水母，当她向祖母求证时，祖母微笑着纠正了她，空行母是指一种可以在空中飞行的女性神祇，在藏传佛教的密宗中，空行母是代表智慧与慈悲的女神。丽丝的眼睛湿润了，她终于找到了它们，这些存在于她儿时梦境中的精灵，它们一直在这个世界等待着她，呼唤着她。是命运将她带来了这里，是冥冥之中的宿命将她带来了这里，这些舞动的精灵一直在这里等待着她。

"丽丝！"乔敏感地察觉到了丽丝的失态，他大喊一声，丽丝猛地回过神，她才惊觉自己已经将一个卵揽入怀中，左手还高高举起，试图触摸一个近在咫尺的空行母，事实上她可能已经触摸到它了，丽丝的左手上出现了几圈黄色的光晕。

"天哪，我都做了什么？"探星者的理智终于回来了，丽丝震惊地收回左手，黄色光晕变成碎裂的光点消散在空中，同时她松开了怀中的卵，那只卵掉在了水里，沉浮了几次，慢慢地飘远了。丽丝知道自己犯了一个巨大的错误，她居然违背了探星者的第一铁律——绝不可擅自接触外星生命体！不，一定有什么蛊惑了她的神智，作为一个训练有素严格挑选出来的探星者，每一个探星者都是精英中的精英，因为每一个探星者都可能成为地球人类与外星文明第一次接触的大使。探星者的选拔比20世纪的宇航员选拔还要严格，每一个探星者都拥有强健的身体，严格的科学素养和绝对理性的判断能力。作为一个已经进行过三次探星的探星者，丽丝绝不会犯这种错误。

乔呆呆地看着丽丝，他的目光让丽丝浑身发凉，"你的面罩，"乔轻轻地说，他也失去了一贯的冷静，丽丝从未见过乔如此失态，他的声音颤抖着，"你打开了你的面罩。"

丽丝感到一阵眩晕，是的，这是她犯的第二个错误，她打开了面罩，让自己的皮肤直接接触了这个星球的空气，不仅如此，她还在呼吸……

呼吸……

这个山洞的里的空气是可呼吸的！这里有氧气！乔也意识到了这一点，但他没有打开面罩，而是立即检测了这个山洞里的空气成分。

"78%的氮气，21%的氧气，其他气体大约1%，"乔看着丽丝，他的表情好像见了鬼，"这里的空气成分和地球上完全一致。"

"可是这怎么可能……"丽丝喃喃地说，但她知道检测结果是对的，她没有产生任何不适，没有缺氧也没有醉氧，可是这不可能，一个星球的大气成分就如同它的指纹，是独一无二的。正如你不可能在一片森林中寻找到两片完全相同的叶子，可是他们刚刚离开一棵树，就找到了一片相同的叶子。

"幸运的是，没有检测到任何有机体，"乔说，但是他依然没有打开面罩，"丽丝，发生什么事情了？"

"我不知道，"丽丝沮丧地说，她的确不知道自己为什么会犯下这么严重的错误，而且是连着的两个，如果这里的大气成分有毒或者有什么致命病菌，恐怕丽丝已经死了。但后果已经很严重了，根据规定，丽丝必须在登陆艇中完成至少168小时的彻底隔离和灭菌之后，才能离开这个星球，"我不知道我都在做什么，我知道……"

乔似乎明白了，他朝丽丝走来，关切地说，"也许我们应该再多恢复一段时间，毕竟我们以前都没有经历过这么长时间的休眠，丽丝，关上面罩吧。"

丽丝点点头，关上了面罩，她在心里默默地感激着乔，这个男人并没有指责她，而是帮她想出了一个合适的理由。

"我觉得你需要看看这个，"乔突然喊道，这时丽丝才悚然惊觉，她这才看到，山洞里还有一个巨大的飞船。这个飞船整体呈黑色，它有一个轴形主体，连接着若干支架，就像一只巨大的蜘蛛或者某种昆虫。但无疑这个飞船已经坠毁了，它以一种不自然的姿态从湖水中探出，其余的部分被淹没在湖水里。丽丝注意到，甚至有一部分船体已经被水晶掩盖了。

"不对，"丽丝突然战栗了一下，山洞里的气氛突然变得非常诡异，"这是来自地球的飞船。"

乔没有说话，但丽丝知道掩藏在那个面罩下的脸庞现在必然冷峻无比，他仔细审视着这个飞船，片刻之后，乔的声音传来，"你的判断没错，这是后继者的飞船，它的技术水平比"白色玛丽"要高出几个世代。"他们震惊地看着对方，丽丝和乔都知道这意味着什么。

这么说，后继者早就来了，而且他们比"白色玛丽"号来得更早。

他们也发现了这个山洞，可是他们为什么会把飞船开进来？他们为什么没有在轨道上放下发射器？即使后继者不知道"白色玛丽"号，他们也应该按照规则放下发射器。由于星际探索的特殊性，每一个探星者都是一个飞向未来的时空旅行者，不同时空的旅行者每到达一颗新的星球，都必须放下一个统一频率的发射器。可是这些后继者为什么没有这么做。

乔走近飞船，他仔细检查了水晶和飞船的接触面，他焦虑地说，"丽丝，你过来看看这个。"

丽丝走到乔的身边，她看到了更不可思议的一幕，在水晶和飞船的接触面可以看到，飞船的部分船体镶嵌在水晶里。

"我已经分析过这些水晶的成分，"乔说，丽丝知道他在努力保持着镇定，"是二氧化硅，和地球上的水晶的主体成分基本一致。"

丽丝倒吸了一口冷气，她知道乔这句话意味着什么，水晶的生长速度极慢，如果要形成这种将整个船体都包裹起来的水晶，至少也要数百万年。

数百万年……

"这不是后继者，"丽丝说，这几乎是一定的，数百万年前，地球上还没有出现人类这个物种，"只是巧合，要知道，不同的文明制造出来的适合长距离宇宙飞行的飞船在外形上很可能是相似的。"这很容易理解，中国人制造的船和欧洲人制造的船都是流线型……

"话虽不错，"乔绕过了船体，"但是一个外星文明恰好也使用英文字母的几率恐怕不大。"

丽丝走了过去，她和乔一起瞪着船体上的那行英文缩写，即使跨越了数十光年的距离和两百多年的时光，他们也记得那行字母"UNSA"，联合国空间总署的缩写。

"天哪，"要不是穿着宇航服，丽丝此刻想必已经捂住了自己的嘴巴，"这到底是怎么回事。"

已经不用欺骗自己了，这个飞船的确来自地球，而且，它和"白色玛丽"一样，是 UNSA 发射的后继飞船。可是，难道这艘飞船穿越了时空，回到了数百万年之前，这也许是唯一一个行得通的解释。丽丝想象着这艘飞船也许使用了更先进的引擎，却落入了一个时空虫洞，在不知不觉间回到了几百万年之前，然后登陆了这颗行星，再也没有离开……

听了丽丝的推测，乔也点点头，但是还有疑问没有解答，即使要登陆，他们为什么会真的开着飞船登陆呢，从大小看起来，这并不是一个登陆艇。

"我需要联系'白色玛丽'号，也许这艘飞船发射的信使还在，只是被我们忽略了，毕竟那个信使可能是几百万年前发射的，我需要加大扫描范围。"乔突然说，"在此之前，我建议我们什么都不要动，丽丝，千万不能再触摸这些……水母。"

丽丝点点头，她感到很惭愧，犯这种低级错误对一个探星者来说是不可原谅的，她的鲁莽会让搭档也陷入危险的境地。事实上她依然处于一种极端迷惑的状态中，丽丝发誓刚才发生的一切都是无意识的，但这太匪夷所思了，在找到具体的原因或者说辞之前，丽丝不准备为自己辩解什么。

当乔忙着联系"白色玛丽"时，丽丝仔细地打量着这艘同样来自 UNSA 的飞船，没错了，这艘飞船有明显的人类制造的痕迹，丽丝认出了它的通信发射塔和武器装置。事实上科学家们一直在讨论在飞船上安装武器装置的必要性，持反对意见的科学家们的认为，虽然人类的深空探测已经远至了一百光年左右，但即使对于直径十万光年的银河系来说依然是在家门口的小水洼里打转，所谓的探星者计划也还只是在港口里漂浮的小舢板而已。如果在港口里遇到了外星文明的飞船，无异于遇到了一个能够跨越大洋的现代战舰，那么安装武器还有什么必要呢？认为有安装武器的必要的科学家则认为，如果在探测目标星球上发现了有敌意的土著，武器是不可或缺的震慑。当"白色玛丽"被制造出来的时候，前一种观点依然占据着上风，所以"白色玛丽"没有安装任何武器，但是看起来眼前这艘飞船被制造时，武器派胜利了。从外形来看，丽丝估计这艘船被制造出来的时间不会比"白色玛丽"晚多少，至少它的通信塔看起来改进不大。

"我联系不上'白色玛丽'了，"乔的声音打断了丽丝的思绪，丽丝惊讶地转身望着乔，只见乔依然一脸凝重，他摇摇头，"这里没有信号，也许是这个山洞遮蔽了信号，我想我应该出去试试。"

丽丝的心沉了下去，乔最后一句话是在安慰她和自己，没有什么能遮蔽中微子通信。但是乔似乎已经下定了决心，他焦躁地往山洞外走去，走了两步，他停住脚步转过身看着丽丝，"丽丝，你跟我一起来还是在这里等？"

"我就在这里，"丽丝回答道，她不想离开这里，同时她也立即做出了保证，"乔，我保证不会再乱碰任何东西。"

"好吧，"乔急匆匆地点点头，"我马上就回来。"说完这句话之后，乔就焦躁地走了。

山洞里安静下来，周围的水晶发出幽蓝的光线照亮了巨大的洞穴，蓝色的湖水平静无波，丽丝听不到水流的声音，他们还没来得及考察这个湖，也许湖水是从某个暗河中以涌泉的形式流淌出来的。丽丝抬头望去，幽蓝色的背景下，成百上千只粉色的空行母在空中缓缓地飘浮、行进。丽丝从未见过如此优雅的生灵，但丽丝绝对不会再犯之前的那种错误，以生物的外表来判断其危险性是错误的。外表越美丽的生灵，有时候意味着越危险。

丽丝从飞船旁边走开，她回到岸边，坐在一块大石头上。有很多地方不对劲，丽丝觉得自己需要好好梳理一下不对劲的地方。如果这个洞穴里的氧气是这些空行母制造的，那么为什么会巧合到与地球上的大气完全相同？仿佛这里的空气成分比例是有人精心设计的。想到这里，丽丝不禁抬头望了望那艘飞船，那么是谁设计了这一切？还有那艘飞船，它真的是回到了数百万年之前吗？迄今为止，人类没有掌握任何回到过去的时间旅行的方法，甚至连理论上都无法自圆其说。即使这个设想是真的，那么他们为什么要把飞船开进山洞，并坠毁在这里。按照常理来说，如果发现了自己回到了几百万年之前，那么第一反应不应该是原路返回，去反向穿越那个虫洞碰碰运气看看能不能回到正常的时间线吗？除非这个飞船降落的时候，这个洞穴还不存在……

想到这里，丽丝感觉更头疼了，一只空行母朝她飘过来，悬浮在她头顶，似乎在观察着她。丽丝看不到它的眼睛，但丽丝知道它在看着她，它知道有人闯入了它们的世界。

当丽丝回过神来的时候，她发现自己又伸出了右手试图去触摸那只空行母，而这次，空行母的触须已经缠绕住了丽丝的手。

"不，"丽丝发现自己刚才又陷入到了那个无意识的状态，她惊呼一声，试图收回手臂，但这一次就没有那么好运了，空行母的触手紧紧缠绕着她的右手，而更多的空行母仿佛接受到了召唤，正在纷纷赶来。

抉择

乔承认自己失去冷静了，中微子通信是不可能失效的，中微子几乎可以穿透一切物质而不会有明显的衰减。中微子通信器是人类发明的最可靠的通信系统，广泛用于星际中的通信，几乎不可能被干扰。

他顺着河流一路小跑向洞口冲去，只有一种可能，那就是"白色玛丽"号出事了。如果"白色玛丽"号出事了，意味着他和丽丝将被永远困在这颗行星上，不，不是永远，在耗尽了食物和水之后，他们会死在这里。

乔心急如焚地冲出了山洞，这次的登陆似乎从一开始就充满了不祥之兆。环绕星球一周的探测都没有发现过那些蓝色闪电，为什么恰巧出现在他们登陆的途中？还有丽丝，丽丝也不对劲，她的所作所为完全违背了一个探星者应有的素质，而据乔对丽丝的了解，她是一个非常沉着冷静的探星者，完全不应该出现刚才的差错。

还有这个诡异的山洞，和地球大气成分完全一致的空气，飞翔的水母，还有那艘 UNSA 的飞船……

乔突然愣住了，他意识到另外一种可能……他看到了登陆艇，这时伴星也已经沉入了地平线，黑夜降临了。乔抬头望向天空，群星已经在逐渐变得深蓝的夜空中出现。他略微松了一口气，他马上就要验证一下自己的想法了。乔冲进了登陆艇，调出了当他们还在"白色玛丽"号上时拍摄的星图，并且和现在的星图进行了对比。敲下最后一个指令，乔屏住了呼吸等待了一会儿，计算机平稳地运行着，几乎没有发出噪声，很快对比结果就出现在了屏幕上。

　　乔浑身颤抖起来，屏幕上显示，时间已经过去了三百二十三万年，穿越时光的不是那艘陌生的飞船，而是他们，他们于三百二十三万年前登陆了这颗行星。

　　等等，刚才发生了什么？乔突然想起来，他把丽丝一个人留在了山洞里，在丽丝出现了异常情况之后，他居然把丽丝一人留在了山洞里！

　　探星者的铁律之一，在未出现危及生命的情况下，绝不可与搭档分开行动！

　　天哪，不仅仅是丽丝出现了异常，连他自己也……

　　时空穿越到底是什么时候发生的？乔仔细回忆着他们登陆时的场景，第一个异常是蓝色闪电。一定是的，当他们看到蓝色闪电的时候，就已经来到了三百万年以后，所以在轨道上他们从未看到过这种闪电现象。

　　乔想象着真实发生的场景，当他们的登陆艇从"白色玛丽"号上脱离之后，进入了 Glise-591g 的大气层，消失在了一个虫洞里。"白色玛丽"号孤独地围绕着 Glise-591g 旋转，一圈又一圈，船上的计算机一定不停地呼叫着登陆艇，但却从未得到回应。几百年后，也许数千年，飞船的能量终于耗尽，所有的系统都被迫关闭，"白色玛丽"号变成了一个冷冰冰的卫星，围着 Glise-591g 继续旋转。没有了变轨发动机的微调修正，"白色玛丽"的轨道逐渐降低，最终变成了一颗火流星坠入 Glise-591g 的大气层。

　　而 UNSA 派来的飞船也许在他们脱离后不久就来到了 Glise-591g，但到底是多久，在三百万年漫长的时光尺度中已经没有了太大意义。他们的技术更加先进，宇宙飞船能够直接飞进大气层，所以探星者们开着飞船直接进了山洞，但是却坠毁在山洞里。

当登陆艇再次出现时，已经是三百万年以后了，而乔和丽丝对发生的一切都一无所知。这时，乔才想起来应该呼叫丽丝，看来他自己的神智也受到了严重的干扰。他急忙喊道，"丽丝，丽丝，收到请回答！"

但耳机里只传来沙沙的声音，什么都没有。

不！乔心慌意乱地打开登陆艇的舱门，向山洞冲去，他不停地呼叫着丽丝，但一直没有得到回应。他不知道通信是在什么时候切断的，也许在他离开之后，丽丝又陷入了异常。乔也犯了一个错误，他下意识地把丽丝出现异常归咎于200多年的冬眠，而忽略了那些水母。一定是那些水母影响了她的神智，然后也影响了乔自己的神智，才让乔做出了丢下丽丝的举动。那些看起来美丽无比的生物并没有它们看起来的那么无害。

乔又想起一个细节，当他们还在轨道上的时候，他和丽丝就通过望远镜看到了玫瑰湖，这说明至少在三百万年前那些水母就存在了，而它们可能就是后继者坠毁的元凶。

不可饶恕的错误，乔一边自责着，一边重新冲进了那个巨大的山洞。此时，粉色的河流带给他的感觉不再是浪漫，而是作呕和恐惧。

当乔重新回到那个蓝色的胡泊时，当他看到眼前的一切时，他浑身的血液几乎都冻结了。丽丝已经不见了，不，乔看到水里有一个粉色的人形，那是丽丝，她浑身上下已经被粉色的水母覆盖，已经几乎看不到宇航服的颜色。

"丽丝！"乔不顾一切打开了面罩，撕心裂肺地大喊一声。

丽丝似乎听到了他的声音，她慢慢转过身，挥了挥手，水母们从她身上散开，轻盈地舞动着散开。乔重新看到了丽丝的脸，他看到丽丝一切如常，不禁松了口气。

丽丝朝他走了过来，她也打开了面罩，乔看到她泪流满面，"乔，我知道真相了，我们离不开这里了。"

乔朝丽丝走去，他张开手臂把丽丝揽进怀里，他不知道丽丝是怎么发现时间已经过去了三百多万年，但他只能轻轻地抚摸着丽丝的后背，他们现在需要冷静下来。

"它们告诉了我一切，"丽丝颤抖着说，她抬起头看着乔，泪水不断地流淌，"我们其实已经到达这里很久了。"

"三百二十三万年，"乔回答她，"我已经知道了，我对比了星图。"

"已经三百多万年了，"丽丝听了乔的话，却没有表现得多么震惊，她喃喃地重复着，"三百多万年了……那是多少次……"

"什么？丽丝，你在说什么？"

"地球文明还在吗？"丽丝没有理会乔的追问，继续喃喃地说。

答案显而易见，如果地球文明还在，他们一定早就重新派出了飞船，也许当乔和丽丝穿越三百多万的时空着陆的时候，看到的很可能是遍布人类文明的殖民地。

"我们穿越了时空，而不是他们，"乔说，"是我们来到了三百多万年的现在。"

"不，"丽丝却摇摇头，她突然问了一个奇怪的问题，"乔，我们在地球上的时候，去过塞内加尔吗？"

"据我所知，没有。"乔摇摇头。

"我现在知道为什么我记得自己去过塞内加尔的玫瑰湖，还有那个蓝色的湖泊，"丽丝说，"那就是这里，这颗行星，我们的记忆一直在循环。"

"什么？"乔如遭雷击，"你说什么？"

丽丝继续说，"是它们告诉了我一切，这些空行母，它们是一种智慧生命。这颗行星身处一个内闭的时间线里，就像一条蛇咬住了自己的尾巴，过去与未来相连接。一切曾经发生过的都会再次发生。"

"这怎么可能……你是说，我们来到这颗星球已经……"乔瞠目结舌地看着丽丝，试图找到一丝开玩笑的表情。

"是的，乔，"丽丝的说话声透出一种苍凉和空灵，她的表情庄严而肃穆，她不是在开玩笑，"这些空行母不是第一次见到我们，我们在三百万年前就登陆了。"

乔马上就找到了漏洞，"不，如果你说的是真的，那么这些水母——"乔还是不习惯空行母这个称呼，"它们的记忆也会重置，它们根本不会意识到时间线是一个圆。"

"问题就出在这艘飞船上，"丽丝指了指那艘坠毁的飞船，"他们应该就是后继者，当飞船坠毁在这个山洞之后，不知道什么原因，这艘飞船在这个时间环上打破了一个缺口，在这个缺口里，时间线的方向恢复了正常，但仅限于这个山洞。"

"后继者在坠毁后并没有立即死去，"丽丝继续说下去，"事实上他们可能在这个山洞里生活了很久，他们利用飞船上完好的设备重构了这里的空气成分，以适应生存，而这些水母的适应能力非常强，它们很快就适应了这样的空气成分，而且演化出了一种奇特的生态系统。"

丽丝望着乔，乔思索了一会儿，他突然明白了，顿时感到毛骨悚然，在他眼里，这个粉色的童话世界瞬间变成了鲜血淋漓的阿鼻地狱。

他张了张嘴，艰难地说，"它们吃自己的同类？"

"没错，"丽丝说，"这个生态系统根本不需要母体参与，在正常的时间线里，母体在玫瑰湖里产下了大量的卵，而这些卵会顺着河流移动到这个洞穴里，在这里进行孵化，形成成体。在这个过程中，它们从时间环中脱离出来，而外界的时间环是可以重置的，所以玫瑰湖中的卵会在每一次时间环关闭的时候重新出现，而这些卵每一次都会逆流而上来到这个孵化场，成为它们自己的食物。换句话说，它们以时间差为食。"

"这个时间环的长度是多少？"乔面色苍白地问了一个关键问题。

"很短，如果时间环太长，这里的空行母就会因为食物不足而死，也就无法形成这种生态系统，"丽丝知道乔在想什么，"720 小时左右。"

"一个地球月……我们的食物储备只有三天。"乔喃喃地说。

"如果我们已经来了三百万年，那么我们已经循环了至少 4000 万次，"丽丝说，她的脸上露出一丝苦笑，"乔，4000 万次，我们都没有突破这个时间囚笼……"

"不，"乔推开丽丝，"我不相信，"但他知道丽丝没有骗他，那些奇怪的记忆，还有夜空中三百万年以后的星空都没有骗他，他只是机械地重复着，"我们一定可以，我们可以马上起飞，只要我们飞出大气层，我们至少可以脱离……"

一声爆炸突然响起，打断了乔的自言自语，他和丽丝对视着，他们的登陆艇爆炸了。乔刚要转身往外跑就被丽丝拉住了，"不，乔，没用的，不管是什么引发的爆炸，我们永远无法阻止，即使登陆艇不爆炸，我们也无法借助登陆艇飞回地球，从我们到达 Glise-591g 的那一刻，我们就跌进了命运的陷阱。"

"不，如果你说的是真的，这个山洞是独立于时间环之外的，那么四千万次循环中，我们为什么没有留下过任何痕迹？"

"我想这很好解释，我们的食物储备只有三天，这之后呢，我们会留在这里等死吗？不管我们做了什么，时间环一旦重置，一切都会重新开始。"丽丝苦笑着说，"也许有那么几次我们选择回到了这个洞穴，然后在饥饿中死去，成为了空行母的食物。所以我们有两个选择，现在走出去，死在外面，一个月之后时间环重置，我们的一切痕迹都将被抹去，新的我们将重新登陆，或者我们可以一直留在这里等死。"

思索良久，乔摇摇头，"我宁愿死在探索生路的路上，也不愿意死在这个地狱。"

丽丝也点点头，他们手拉手走出了洞穴。他们没有看到，在他们身后，一个和坠毁的飞船风格一样的探测器从他们没有注意到的角落里钻出来，静静地悬在空中，冷冷地注视着他们的背影。

黄金天堂

文 / 于 博

一

炎出生时正值酷夏，阳光前所未有的炽烈，甚至引燃了山林，爷爷从火中狂奔回来，大叫着"炎神！炎神来了！"，于是他就有了这么一个霸气的名字。

但他八岁那年，世界却失去了色彩，谁也不知道为什么，大到山峦海洋，小到虫蚁尘埃，都像是褪了色，花儿不再娇媚、森林不再葱翠、金银不再闪耀，世界像是突然生了病，一天天苍白、虚弱下去，连太阳也是奄奄一息的样子。

壁炉里的火灰扑扑地扇动着，看起来像纸片一样单薄。至少还有妈妈的笑容，就算在难捱的冬日里也像春风般温暖，让他的心燃起另一团小小的火焰。父亲和哥哥就不那么温暖了，他们整日在后院的工坊进进出出，脸上像凝了一层霜，听母亲说他们已经很久没有打出一块好铁了，不再明亮的火焰似乎也失去了力量。

炎十六岁那年父亲去世了，高大细长的他整天跟在哥哥后面帮忙，吃得少、干得多、跑得快，肩上挂着空荡荡的罩袍，像一面风中飘来飘去的大旗。而这面旗刮过的地方，总是会有久违的亮色出现。

他继承了家族精巧有力的双手和细腻沉稳的性格，关键是心中还保留着对美的热切渴望；当他雕刻那些珍贵的亮色时，幸福感和创造力会源源不断地从每一个细胞中满溢出来。很快他那些闪亮的作品就引爆了城里的集市，它们就像一片荒芜中的绿叶红花，背着他的名字一路穿山越岭，来到了大陆上的每一个角落，其中有一块鹅蛋大小的十六棱水晶石出现在了皇家宴会上，阳光、火光、水波在其中折射、汇聚，折射出诡秘的光芒，贵族们一时间忘记了礼仪，纷纷起身拥着六公主，推挤着争夺它射出的光华。

只有高座上的国师看到了它背后的真正价值。

于是在二十岁时，炎来到了位于都城的智慧院，他和来自世界各地的智者和工匠们一起探究万物失色的秘密。师长们天天为了各种问题大吵甚至对骂，粗野程度让乡间长大的他都难以忍受。原来智者们早就分成了好几派，主流派的说法是这个世界上已经充满了无形的灰白薄膜，薄到肉眼难辨，它们无处不在地附着在所有物体上，而要证明这点，就需要一些特殊的密封观察瓶。

所以大家都对工匠们毕恭毕敬，而他们也没有辜负众人的希望，造出了许多怪模怪样的密封室，上面的透气孔比针尖还小，人们在其中培育种子。结果里面新生长出来的骨朵和嫩枝叶却和露天席地的野花荒草没有什么区别，都是灰白的。

薄膜说似乎并不靠谱，智慧院内沉寂了好一阵。

又一个冰虫派崛起了，他们认为天地间充满了透明的微型冰虫，不停在吞噬着热量和色彩。为了验证这个观点，他们来到熔岩湖畔，炎带领工匠们穿上百公斤重的隔热衣，将最鲜艳的岩浆注入一个个不同形状和大小的实心玻璃球，然后把它们摆成一排进行观察；身后的智者们一拥而上：

"从开始就全密封，那些小虫钻不进去吧。"

"就算钻得进去，在上千度的熔岩里也活不下去！"

"有一只两只活下来也不会影响观测，我们有这么多瓶子呢。"

但结果都是一样的，随着温度的降低，瓶内的熔岩逐渐失去了光彩，从边缘开始红色缓缓褪去，不到半小时就变成了一个红心白边、色层均匀渐变的巨蛋。而不管是封闭还是暴露，也不管什么形状和大小，熔岩球的变化速度几乎都是一样的，冰虫论似乎也站不住脚了。

二

猜想一个接一个被证伪，人们逐渐失去了对科学的信任，转而求神拜天。智慧院一天天沉寂下去，二十八岁的炎仍然在埋头苦干，他正兼任着热理、光学、熔铸三个院的总管。有一天国师突然披散着白发冲进了工坊。

"师傅，你怎么？病还没好。"

"快来！我没几天了。"

国师的脸几乎皱缩成了一块老榆树皮，眼中光芒却像匕首一样锐利。他拉着炎穿过后院凌乱的木石，走近一座圆形白房子。

"历代国师的陵墓？禁地啊！"

"对，对于他们来说是禁地，但对于下代国师来说是新生之地。"

"下代国师？在里面？"

炎只看到国师正直勾勾盯着自己。

"可国师不是要国王钦点的吗？"

"刚来的消息，七王子篡位，国王太子都被杀了。智慧的秘密从今天起只属于智者一族。"

国师带他穿过一道道密门，来到一个宽阔的地下庭院，国师点上正中的吊灯，一个大圆桶浮出黑暗。

"这是什么？"炎轻触圆桶表面，它滑腻冰凉，非金非玉。

国师没有回答，而是按下了什么，炎听到一阵细碎而频密的噼啪声，仿佛深秋时节漫山遍野的黄叶被同时踩碎。

圆桶上射出了一束光，里面出现了一位面白如玉的女性，正冲他微笑。

"智慧之神！真的有智慧之神。"

炎跪倒在地上不停叩头，智神微笑着说了许多难懂的话，然后许多奇怪的东西出现了，特别的建筑，陌生的植物、奇装异服的人们……更多的是复杂的图形和数字混合字母的排列，炎看不太懂，但一种奇异的兴奋感在全身上下流淌，脑中仿佛有无数条小小的闪电在四处爆裂。

一边的国师喃喃说出了智神的秘密：

"……自有文字记载的时候就有了它，部落会选出最聪明的一批人来参悟它，那就是智慧院的前身……直到一个智者变成了王，部落也从此变成了王国，之后的岁月里，国王一再收紧参悟智慧的权利，知道智神的人越来越少，最终变成只有四人：国王、国师、和他俩的继承者，而这代就只有你，全靠你了！"

三

炎五十九岁了，他终于登上了天堂，这里铺满了透明的白砖，天使们都胖乎乎冷冰冰的，像是一个个大铁桶，而神呢？就是眼前这个戴圆头盔的怪人吗？

"噢！你是？下面的人！你怎么上来的？等等，第二星日蚀要结束了。"

夜幕忽然裂开了一条缝，一道弯弯的金线闪了出来，虽然很细，但异常炽烈。金光射入透明砖块的表面，瞬间散射开来，在里面欢快地跳跃、流转，整个大地都绵延着七彩霞光。太阳终于挣脱了卫星的拥抱，地面彻底变成了一片金色的原野，天地间一片金光灿烂。

炎的身体一阵痉挛，一时间忘了身处何方、忘了神秘怪人，忘了肩头的世界，他已经太久没有见过这种辉煌的景象、也早已忘记了金光暖透全身的感觉。

"真美啊。再充能三年，就能启航了。"怪人像是在自言自语。

炎醒了过来："充能？要去哪里？"

怪人摇了摇头："唉，对你，很难解释。看到背后的高塔了吗？那其实是一艘太空船。大约四千年前，降维打击和黑洞炸弹如狂潮般席卷了银河中心的人类聚居区，残存的人四散逃往银河系的边缘地带。"

"你就是……逃亡者吗？那我们呢？"

"我是代管者，主人们还在沉睡，等待着满意的星球，至于你们，是一种原始人类，没有被基因改造过，也没有经过细胞机械化，你们和大量动植物的基因及胚胎都保存在三号冷冻舱里，作为创造新世界的生物工具库。飞船来到这个星球时发生了事故，将近三分之一的船体都被小行星撞毁并散落到了下面，于是你们就在那里繁衍生息。"

炎呆了一会儿，摇头苦笑道："其实我早有心理准备，我们的智神怎么想都不是神，而是一种智能机器。"

"那是教化机，里面只有地球历 1700 年以前的资料，主人更喜欢原生态的环境，工业化会把星球搞得乌烟瘴气。而你们的科技还达不到十八世纪的水平，所以你们到底怎么上来的？"

怪人好奇地摸了摸炎那身由金属片和石英熔接起来的密封服，又指指他身后的"大铁梭"：

"你坐的这个东西连引擎都没有，怎么飞？"

"那可是个惊人的秘密，作为交换，请先讲讲这黄金原野。"

怪人沉默了几秒钟，开口道："这是一块太阳能板，五十年前建成的。"

"就是它挡住了我们的光和色吗？"

"只截留了高能频段，系统也要顾及你们的生存，毕竟也是一种人。"

"可你知不知道这给我们带来了多大的灾难？"

怪人忽然变得很激动："来不及了！这里快完蛋了，上千光年内就只有这么孤零零一个星系，四周全都是黑压压的虚空和暗物质，这点可怜的熵值正不停流失。而且后来系统发现能量正源源不断地被吸往平行世界，估计那边是没有遭遇事故的另一批我们，他们几乎吸干了星系的能量，造成了时空虹吸……快好了，等充好能，我们就会再度跃迁。行了，快告诉我你是怎么上来的。"

"好吧，这片原野的边缘其实在南北两极都能看到，我们确实不会制造飞行器，但找到了另一种飞行的办法。"炎冷冷地笑了笑，"但要玩命。北极有一座世界最高的白棱峰，终年雪雾迷漫；随着气温降低，它也在快速升高。"

"离这里还差得远。"

"加上风的力量呢？那里的大风暴能把石头卷进云里，为了充分利用势能和风力加速，我们在冰棱峰侧磨出了一条光滑的冰道，并在对面堆起了更高的冰台，然后挑选风最大最顺的日子，从冰棱峰顶一路滑下来。"

"噢，天…我算算，还是不够啊。"

"你忘了引力也减弱了，你说过的，能量和密度在流失。"

四

怪人重重拍起了手掌："太精彩了，所以你的飞行器并不需要引擎，只要坚固就行了。你已经达到了原始智慧的顶峰，跟我们一起走吧。"

炎摆摆手："不，我属于下面这个星球，不管你们怎么嫌弃，它也是我们的故乡。还有，你这些年截留的阳光也要还给它！"

怪人忽然尖声大笑起来：

"夸几句就狂？你不过是个原始人。"

"那也是人，这里的机器人看到我都会致敬。"

"它们不能伤你，但我能！"

"你好像忘了一件事。"炎摊摊手，"我刚才一直在说我们，而不仅仅是我。"

怪人愣了愣，忽然发现胸前和手臂上多了几个金色圆点，瞬间有几道刺眼的金光闪过，金点变成了灼热的红块，怪人一声尖叫，瘫坐在地上，身上冒起了浓烟。大铁罐背后又冲出几个穿"盔甲宇航服"的人。

"成功了！国师，您的万向聚光仪，在这黄金原野上简直比大炮威力还大。"

炎已经掐住了怪人的脖子，那巨大的头盔刷一下变得透明了，炎看到里面那只半猫半狗的东西，不禁惊叫了一声。

"你、你是！"

"……我是主人的宠物，是我修改了主人的休眠时间，只是想一直体验当主宰的感觉，都是我的错。"

炎沉默了一会儿，望着太空船轻叹道："是他的错，自诩神，却不相信同类，只肯信任宠物。"

怪猫黯淡的眼睛亮了："你和他们不一样，他们虽然是神，但一点也不可爱，要么狂傲自大，要么慵懒荒淫；而你们，虽然能力低微，但如此勇敢、善良、坚强，总是能做出不可思议的事，我想你们才是史书中记载的那些真正的'人类'。"

炎拍拍它的头，起身走入飞船，一边长叹道：

"美丽的黄金原野啊，你欠我们的光彩和温暖，该归还了！"

地面上，那些从昨夜起就在翘首以待的人们，终于在苍白的云端看到了久违的太阳，还有一片比太阳还灿烂的金光，正铺天盖地倾泻下来，彷佛黄金铸成的天堂。

点亮黑洞

文 / 天降龙虾

乘坐最后一艘太空飞船进入空间站"河"的夸克子来不及感慨前人技术的宏伟精湛，他十分清楚自己的时间所剩不多，必须分秒必争地完成工作，否则他的同胞们将再也没有机会启动这项点亮黑洞的伟大工程。

凭借卓越的记忆力，夸克子迅速地找到了空间站的系统控制面板，按顺序打开几个开关，自建成以来便沉寂了近百年的巨大能量整流器开始自检。由于系统规模太大，自检需要至少几个小时后才能完成。处于失重状态的夸克子找地方把自己固定住，品着嘴里渐渐泛起的铁锈味儿，陷入了略带焦灼的回忆当中。

跟所有同胞们一样，夸克子从很小的时候起就知道，他们是遭到背叛的一族。曾经，他们的祖先都生活在这个巨大行星的表面，享受着蓝天白云和温暖阳光的照耀。可是，他们的太阳实在是太大了，大到无法支撑自己的身躯，当它像宇宙中所有巨恒星一样濒临死亡的时候，夸克子的祖先们便面临着灭顶之灾。

传说，那时的祖先们拥有着神一般的高科技力量和无所不能的工程施工能力，他们硬是靠自己的双手，把这颗行星推移到了现在这条相对安全的轨道上来。然后，他们在行星的地下修建了大量的避难定居点，将多数人安置在定居点内，以躲避超新星爆发时的冲击。同时，还有一少部分人，带着几乎所有尖端技术资料，搭乘巨型飞船去往深空寻找新的家园。那些飞走的人们曾经许下承诺，待他们找到新家，一定会如约回来，接走留下来的这些同胞。

可是，千年已过，那些人再没从遥远幽深的宇宙中传回半点音讯。

超新星爆发的能量把生机勃勃的行星表面烧成了陶瓷一般。海洋被蒸发，大气被吹走，地表的一切都被瞬间融化成了高温的流体。等到爆发结束，太阳早已变成天空中一片模糊的阴影，连周围的星光都绕着它走，给漆黑的它披上一道若隐若现的亮边。

好在祖先们的计算没错，抬升轨道后，行星总算没被星爆击得粉碎，其内部的定居点大多安然无恙。据说，定居点内的一些人也曾尝试移居回地表，但缺少大气和阳光的地面，不再能够养活任何生物。极寒和强烈的太空辐射，令实现移居的愿望变得无比艰难。

历史记载，最初的几百年，人们主要是在跟地下的压抑生活环境作斗争。再往后，当储备的资源逐渐耗尽，绝望的人们便不得不冒着遭受致命辐射的风险，重回地表，收集一些被冻结在星球表层的轻质元素。随着可利用的物资越来越少，工作任务越来越繁重，人均寿命和人口数量都不同程度地下降。面对着日益严重的衰退境况，前人提出过一个利用残存的空间科学技术，从黑洞口中抢食的大胆计划。

最顶级的技术知识和人才，都在超新星爆发前飞走了，生死不明。遗留下来的人员为了争取一个有希望的未来，按知识层次进行了大规模的重新组织，目的只有一个——在有限的时间内完成"逐日"计划。

全社会开始围绕同一核心任务展开工作，上层知识分子负责设计施工，下层劳动阶级全力保障物资和人力供应。可是，一百年过去了，两百年过去了，三百年过去了……许诺中源源不断的能量和资源的自动生产却迟迟没有实现。尽管谁都知道这项工程的难度不亚于摘星揽月，可一般人也很难想象，什么样的施工会持续数百年而见不到一点成效？

终于，在夸克子出生之前约半个世纪，底层劳动者们长久的忍耐到达了极限。他们批评知识阶层在滥用他们辛苦生产出来的物资，怀疑知识分子们根本是在假借工程建设的名义维持自身不劳而获的地位，指责高层的人们欺世盗名、巧取豪夺，甚至控诉其为背叛大众的阶层。战火在罢工与抗议的浪潮中点燃，烧遍了地下世界的每一个角落，直到所有掌握空间科技高级知识的人全部被杀死为止。

面对战后的残局，人们已无暇清点损失，更没有人想过去抢救失落的空间科技知识。幸存者们还要继续生活，无论背叛到底是真是假，都已被默认为是历史的定论。

巨型能量整流器自检完毕，开始它自建成时起的第一次正式运行。夸克子认真检查了各项数据，确认一切正常后，关上系统控制面板，交由智能机自主控制。

作为一个诞生仅千余载的年轻黑洞，其周围必然有着巨大的吸积盘。这漩涡状的盘子中蕴藏着丰富的物质资源，在强大引力的支配下，排着队落入黑洞那无底的腹中。

当物质们被引力拉扯着走向毁灭深渊的路途中，它们相互之间难免会发生碰撞和摩擦，这会使吸积盘的温度从外向内逐渐升高。直到接近绝对有去无回的视界面之前，物质们的速度会在引力场中增加到极快，温度也会提升到极高。极快的速度和极高的温度，会使一部分物质粒子获得极高的动能，达到接近光速的程度，令黑洞的引力也难以让其乖乖听话。这部分超高能物质粒子可以围绕黑洞视界作螺旋式运动，依靠黑洞的自转以及磁场的导引，向着黑洞的自转轴或磁极的方向移动。

大量的超高能粒子汇聚在黑洞的自转轴或磁极位置，彼此挤压、碰撞，一部分粒子难逃被吞噬的命运，就此落入黑洞内，帮助黑洞扩大自己的体型。但还有一部分粒子，则可以趁着黑洞吞咽不及的刹那，凭借自身无与伦比的极高动能，顺利地逃出生天，形成大质量、高密度恒星两端耀眼的喷射激流。

"逐日计划"的三所空间站，就是环绕着黑洞北极喷流附近建成的。它们的合力将能够从这股强大的喷流中获取足够的物质和能量，让位于遥远行星上的人们过上舒适的生活。

夸克子听说，远古时生活在地表的人们有句谚语：靠山吃山，靠海吃海。如今，山已融化、海已蒸发，靠着天空中一个漆黑的怪物，如果能吃定它，哪怕只是从它嘴边弄到点残羹剩饭，也足以让所有人衣食无忧几万年了。想必，前人们大概也是这么认为的。

夸克子不知道近百年前，被冠以背叛者之名而被杀掉的人们，是否真的有拖延施工或侵吞工程物资的行为，也不知道那行为的严重程度是否能让"背叛"二字名符其实。但是所有人都知道，自那以后，他们就彻底丢失了航天技术。

自从最早一批远航者带走了尖端技术以后，那场战争是他们星球上发生的第二次知识技术大倒退。兴许是为了自我安慰，当下的人们习惯于把远航寻找新家园的人们，也称为抛弃了同胞的背叛者。如此，两次科技大倒退便都可以归咎于遭到了背叛的结果，仿佛只要没有背叛，所有的糟糕事情都不会发生一样。

等空间站"河"的能量整流器能够稳定地向空间站"渭"发送经过分离的物质与反物质粒子的时候，夸克子再次登上那仅剩的最后一艘太空飞船，前往启动"渭"的筛选器。

黑洞发出的喷射激流能量极高，足以打碎一切物质构造。在那种高能态的空间中，正反粒子对会不断地出现和湮灭。而"河"的能量整流器，就是利用激流的能量产生规整的强磁场，稳定并分离随机产生的正反物质粒子，再把它们分别输送出去，交给"渭"作进一步处理。

高能激流所辐射出的，当然不会都是可利用的好东西，夸克子现在不仅嘴里的血腥味越来越浓，而且全身肌肉也开始出现酸痛。高能辐射中毒。他这趟任务注定有来无回，没有什么防护材料能挡住黑洞激流发出的高强度 X 射线，何况这么近的距离，脆弱的飞船外壳和单薄的宇航服提供不了多少帮助。他基本相当于在恶龙吐出的火焰中裸奔。

也许陷入回忆能减轻一点自己对痛苦的感受。夸克子在飞船巡航的途中，想起了自己小时候在地下城市里上学的事情。

自小的聪明伶俐和上学后的博闻强记，令夸克子得以被当成"学苗"来培养，可以接触到很多的历史和科技资料。相反，被作为"工苗"的孩子们，就只能早早接受各种技术工作的训练，几乎不接受理论教育。这种制度是自上次战争后开始实行的，目的就是为了限制学术阶层数量，优先满足实际生产需要。

原本夸克子对这种教育筛选机制没什么感觉，直到他遇到了自己后来的妻子胚珠儿。那天，他偶然到作物培养基地测试一种化学试剂，见到了个正在养护植物的女孩。向来爱跟生人搭讪的夸克子照惯例上前打招呼，却被女孩子完全无视了。经验丰富的夸克子开始炫耀性地念叨起女孩正全心观察的一株植物的各种细节特征、生长周期及生理特性等知识。

他没想到，自己话没说完，就被那女孩攥住了双手，一对闪着波光的大眼睛盯着自己，求他能不能把说过的再重复一遍，好让她记下来。夸克子后来经常觉得奇怪，当时胚珠儿的小眯缝眼怎么可以瞪得那么大。

后来，夸克子就经常被胚珠儿缠着问各种植物方面的问题。再后来，并不非常熟悉植物学的夸克子烦了，居然偷出一本专业书塞给了女孩。又后来，夸克子因为这次窃书行为，差点被取消学苗资格，作为惩罚，他被派往地表做资源采集工作一个月。

就是在那难得的到地表工作的一个月里，夸克子第一次实际使用了在地下城市完全用不着的望远镜，看到了黑洞、看到了美丽星空，也看到了逐日计划三座巨型空间站的倩影。另外，这次务工经验也让他明白了很多事情，他开始理解，随着地表资源密度的下降，基本的资源采集工作将需要越来越多的劳动力。可长期的地表工作会因遭受宇宙辐射而罹病，进一步降低人口的健康素质、平均寿命和生育能力，从而加剧劳动力紧缺。

底层劳动力紧缺就必须增加"工苗"的培养数量，严格限制"学苗"的选拔，科技知识的承袭将变得越来越困难，第三次科技大倒退将变得不可避免。其实，仔细想想，前两次科技大倒退本质上都与背叛行为无关，很大程度上是由于环境条件的恶化造成的不得已选择。如果不能从根本上改善所有人的生存条件，下次不得已的"背叛"恐怕只是时间问题了。

靠限制知识的传播和增加务工人员的方法，解决不了资源稀缺的问题。要想根本性地去解决资源稀缺，唯一的办法，就是启动那三个巨型空间站，点亮黑洞。

自那以后，夸克子便重点学习空间科学和高能物理，同时尽力搜集有关逐日计划的技术资料。在掌握了足够多的证明材料之后，他决定要向人们的既定观念发起挑战。

空间站"渭"的筛选器，更像是个原子组装车间。它可以从物质和反物质中，挑选出合适的粒子进行组合，把质子和电子放在一起组成氢原子，而把负电子和反质子匹配给从空间收集到的更重的物质元素，使其轻化。或者，就把反物质作为能源，直接传送给空间站"大泽"。

身体的酸痛已经变成了噬骨的剧痛。夸克子艰难地挪动躯体，咬牙忍痛确认了"渭"的启动毫无问题。最后一站，只要到了"大泽"，他离任务成功就只差一步了。

飞船顺利启航，夸克子吞下满嘴的血沫，进入了昏沉沉的状态。直到此刻，他也清楚记得，自己在研究讨论会上那心惊肉跳的感觉，倘若答辩失败，沦入黑暗的将远不只是他一个人的命运。

"这么说来，依你的研究，上次战争中被推翻的知识阶层，实际并没有做出非常严重的背叛行为。工程进度的缓慢只是因为，我们在第一次科技大倒退中，失去了智能施工机器人的研发制造技术，而仅剩的机器人又由于老化逐步损坏，恶劣的施工环境要求只能由机器人才能完成工作。于是，那些人只能一边研究恢复机器人技术，一边用少量剩余的智能机器人和部分半自动机器人施工，所以才致使完工期限一拖再拖？"会议主持人，学术委员长沉声问道。

"确切地说，我并不清楚他们有没有消极怠工，或者有没有侵吞工程物资。只是就我整理出的资料来看，他们确实从始至终都没有放弃推进工程完工，而且逐日计划事实上已经基本完成了。据记载，整个工程只差最后一步，依次启动三个空间站的设备并排除可能出现的异常。这一步只能由全智能机器人完成，可所有能完成这一步的机器人都已报废，所以他们只能重新设计制造出已经失传的智能机器人，结果导致整个工程设备迟迟难以投入使用。"

会场陷入一片沉默，与会者都在低头查阅夸克子整理出来的研究报告。良久，会议主持人问道："那么，你觉得，他们的智能机器人制造技术已经研究得差不多了？"

"应该说他们可能已经成功了。只可惜设计样机和相关制造设备都毁于上次战火，仅靠遗留下来的技术资料，想要复现这一成果的话，我们非得要培养大量的基础科研人才不可。就目前的科技人员队伍规模而言……"夸克子环视整个会场上坐着的几十号人，"恐怕力量完全不够。"

"那么，你要怎样证明你的结论呢？"学术委员长紧皱眉头，"要知道，这种为历史定论翻案的研究成果一旦公开，假如没有过硬证据的话，行政机构那边不会善罢甘休的，搞不好，光是唾沫星子都能把你给淹死。"

关于证明的事情，夸克子当然早就做好了打算，赔上自己一条命，能够为所有人求得一个有希望的未来，对作为科学家的他来说，这事义不容辞。尽管他也怀疑过真要面对此刻的时候，自己会不会胆怯退缩，但他只是深吸一口气，便克制住了慌乱的心跳："我知道，上次战争中，保留下来一艘完好无损的宇宙飞船，用它把我发射上去，我来证明。"

会场上出现一阵骚动，主持人强压震惊的心情，清清嗓子："咳——嗯。你是说，你要亲自上去启动那几个空间站？你做得到吗？"

"据资料记录，逐日计划相关工程设备已经进行了多次启用前测试，应该不会有什么大问题。如果真的出现一些轻微的故障，我自信有能力调整解决。空间站的设计使用周期是以十万年计的，区区几十年的闲置不可能出现大的问题。不过，在那种高强度辐射环境下，人的存活极限大概只有 20 个小时左右，所以我肯定是回不来的。可要只是依次开启三个空间站的话，时间应该是足够了。"

空间站"大泽"终于到了。这个状如巨型台灯的家伙，底座部分已经自行启动，看起来运转得非常正常。剩下的，就是打开"灯头"的开关即可。

身上的剧痛此时已被麻木替代，夸克子感觉自己似乎变成了沉重的石雕像。好在手脚还能活动，他操作着宇航服上的喷气背包，缓慢地降落在最后要打开的开关附近。

那开关就像根手杖似的杵在"灯头"的正上方。夸克子勉强握住它，想要往下摁。严重的内出血使他处在脱水状态，干渴的嘴里一阵阵地翻腾着血腥的味道，难受的感觉几乎令他昏厥。更要命的是，开关并不那么容易被摁下去，失重状态下夸克子很难使出更大的力气，周围又找不到可以固定身体的地方，根本无处着力。

"早知道这么难受我就不来了。"精疲力竭的夸克子心里无奈地抱怨。看不见的强烈射线如万千利箭，每一瞬间都在无情地刺穿他的身体，快要休克的他想起了自己上飞船前安慰儿子的话："别哭了，要没有你的话，我还真不一定有勇气下这决心呢。可是，哪怕仅仅是为了你的将来，我也得去。谁让我是你的父亲呢。"

"没错，就算只为了自己的亲人，最后一口气，也得拼了！"定下神，他轻轻跳起，猛拉开关，用自己的胸口狠狠地撞在上面。

感觉那"手杖"向下一陷，他慌忙松开双手，反作用力将他弹离了空间站的"灯头"。在失去意识之前，他看见那最后的开关缓缓地收进了空间站内。他知道，自己的任务圆满完成了。

伴随"大泽"的核聚变装置启动，整个逐日计划所有工程项目全部投入运行。由三个巨型空间站组成的系统能够以恒定的速度长期自动生产、自我维护，依靠黑洞北极喷流的资源，它可以稳定地产出光和热，以定向的方式自动追踪并发射给远处唯一的行星。此外，它还能定期将大量的氢、氧、碳、硫、氮等维持生命所需的轻元素，用核反应炉生产出来，经冷冻压缩后，在位于"大泽"底座上的弹射器上往行星发射。假如需要，这系统还能输出反物质燃料，为高性能空间发动机提供强劲动力。

在黑暗太空中越飘越远的夸克子气若游丝，濒死的他已经没有任何知觉，只剩下那双眼睛还在望着，望着"大泽"的灯头准确对向同胞们所在遥远行星，放射出他从未体会过的光明和温暖。随着轻元素持续输出，不出意外的话，再过几十年，家园行星上就有望恢复稀薄的大气，人们再也不用费力地从石头里采集结晶的水和冻结的二氧化碳了。用不了几百年，也许就可以重建星球表面的生态环境，再现远古传说中鸟语花香的美丽景色。只是到那时，夸克子恐怕早已沉尸在身旁的黑洞里，只留下视界面上一抹缓慢消散的身影，继续注视着系统的运行。

几小时后，当明亮的光芒时隔千年又再照耀了行星的半个表面，地下城中的所有人全都沸腾了，人们竞相传递着这前所未有的好消息。人群中，有个小男孩扶着他悲痛欲绝的母亲，轻声安慰道："妈妈，别这么伤心，父亲他成功了，我们应该为他高兴的，那是我的父亲啊！"

此时，一个几十人的队伍分开人流，走到这对母子面前，打头的老者向他们低头致意："他不仅是你们的丈夫和父亲，从今天开始，他也是我们所有人的再生之父。他用自己的智慧和勇气点亮了黑洞，追回了阳光，牺牲生命为我们开创了未来的希望。以后，每个人都应当尊他为父，他就是我们的夸父！"

带我走

文 / 无　奖

网恋自古就是一件需要勇气的事，见面更是。

"在最终确认前，我有义务提醒你，对网恋的美好想象要基于已知情报。"阿古说，"网络时代早期有一句话：在网上，没人知道你是一条狗。"

"哪怕真是狗，我也想见她。"我说。

"那我明白了。"

阿古断开通信，与此同时屏幕上显示"准许离境"字样，飞船随之缓缓升空。阿古是我所在城市的主脑智能，做事细致，对每一个居民都很关心，我感谢它的一片好意。

只是有些事我非做不可，一天也不能等。

艾莎是我在网络游戏里认识的女孩。她性格开朗，是个聪明博学的技术宅女。可除了游戏里的形象，我却不知道真实的她长什么模样。她从未向我发过任何照片或视频，而我也没想过约她出来见个面。

因为艾莎不在这里，她住在火星，但见面的机会终于来了。最近正是十五年一遇，地球和火星在各自轨道上最接近的时期。我将从地球出发，驾驶飞船横跨将近一亿千米的路程，去看她的庐山真面目。

"她会觉得这是浪漫的追求吗？还是当我是个普通朋友？"

我看着星空胡思乱想。就在这时艾莎的通讯接入了。

"在干什么呢？"

虽然一如既往没有视频，只有语音，但听到她元气十足的声音，我就精神百倍。

"在想你呀。"我笑嘻嘻回答。

"你恶不恶心……呀，等等。"她有些疑惑，"你在哪？"

如前所述，艾莎是个技术高手，光凭信号地址不同就能察觉我不在地球，再一查肯定能定位。我知道迟早瞒不过，索性坦白："我在去见你的路上。"

"为什么？"

"这个……"

这平静的语气让我无端有些忐忑，仿佛在做一道危险的选择题。踌躇再三，我选择柔声答道："不先见面，我怎么带你去看大世界呢。"

"真好！"她笑道，"你果然言出必行！"

在第一次见面时，我曾说要带她去看看火星之外的世界。看来她果然一直记着这个。

"不过你要一个人在飞船上待那么久，不会无聊吗？"她说。

我抓抓头："我平时也是独居，没区别吧。"

"来陪我玩游戏！"她语调欢快，"时间一下子就过了！"

她不由分说地从火星传来数据包，直接黑进飞船系统把它安装进去。这是明目张胆的信息入侵，只是她技术高超，我也无可奈何。

"这是什么啊？"我只能问。

"VR 游戏的客户端。"她笑道，"快来快来，我先去等你。"

"真拿你没办法。"

我装作板起脸地戴上 VR 头盔，心却紧张得噗通直跳。

之前由于跨星域信号传输问题，我们玩的都是老式网游，VR 游戏这还是第一次。

说不定，这次会见到她的真容？

一阵白光闪过，当我睁开眼睛时，映入眼帘的是一块工业感满满的场所。各式管线纵横交错，焦黑的金属架子粗犷地焊在一起，吸一口气，鼻腔里满满都是机油的气味。

"这是哪？"

我想要弯腰细看，这才发现身体被牢牢固定。一根管子直接插在我的后脑勺上，限制了脑袋的活动范围，脖子以下的部分更是被坚硬的金属壳紧紧套住，虽然能感觉到手脚的存在，但却连一根手指都动不了。

"见鬼了，什么情况啊！"

我转动眼珠勉强把视线转向旁边，顿时倒吸一口冷气。原来在两边还有其他人，他们像我一样被固定在这面墙上，大部分两眼紧闭像是睡着，其中有个女人醒了，正在大呼救命。

她的声音引来了远处的人——等走近一些，我才发现这是机器人。走在前面的那个足有三米高，身体表面覆盖着金属外壳，本该是脑袋的地方却只有一块小小的凸起，远远看去像个无头鬼。它身后跟着个小号的版本，外形一样，只是矮了一截。

看来，这个游戏的背景是机器人统治人类的未来世界，而我扮演被监禁的人。

"安静！"高大机器人对着女人吼道。她却哭得更大声了。

眼见威慑无效，机器人打开胸前的盖板，从中喷出一团黄色烟雾。吸入烟雾后，女人很快安静下来，圆睁的眼睛也渐渐闭上，陷入了睡眠。

就在这时，我忽然看到那个矮小机器人趁着同伴不备，对我做了个"大声"的手势。

这是要我呼救？那不是主动求死么？我转念一想顿时恍然大悟。

"救命！救命啊！"我扯开嗓子大喊。

这声音成功吸引了那个机器人的注意。它走到我面前，再次打开胸口盖板。在近距离下，它三米高的身躯压迫力十足，无头的形象狰狞吓人。而胸前的喷头更是长得跟枪口一样，虽然明知它会用喷雾，但又仿佛感觉下一秒就会有子弹迎面射来。

"你闭嘴。"它的声音充满杀气。

"喂，艾莎，做点什么啊。"明知只是游戏，我还是忍不住颤抖。

"嘿嘿，别怕。"

狡黠的声音在机器人身后响起，一只机械手臂突然从旁刺进它打开的胸口，扯出一团电线。电火花像爆竹般在它体内连串炸开，高大机器人没来得及转身就一头栽倒在地。

"真亏你能理解呢。"

矮小的机器人抽回手臂，反手打开了自己的胸口盖板，戴着眼镜的少女从那里面爬了出来。她眉目清秀，扎着利落的马尾辫，身上的工程服和脸上虽然都沾上黑黑的油污，却更显出一股干练的气质来。

发现我正贪婪地看着她，她的脸顿时一红。"只是虚拟形象，别想太多。"她嗔道。

她按下按钮，后脑勺的管子顿时缩了回去，束缚着身子的金属壳也打开了。我一踩到地板，第一件事就是回头观察身后的这面墙。

这是一面高高的墙，往上看不到天空，往下看是仿佛无穷无尽的深渊。被监禁的人锁在各自的金属壳里，排列整齐，一行少说也有几百上千人，排在一起更是给我铺天盖地的感觉。这里每一层都有一条走道，就像我脚下的这条，这是方便让机器人像刚才那样对醒来的人喷射催眠气体。

这是游戏、小说和电影里都不罕见的，机器人奴役人类的世界观。虽然是游戏，但亲眼看到这样的一幕，那种震撼和愤怒的感觉仍是让我全身发抖。

"这一局其实快通关了，只差最后一步。"她努努嘴，指向走道另一边的门，"从这里出去，穿过对方重兵把守的大厅逃出基地，就算游戏胜利。"

她示意我跟上，可看着满墙的人，我却有点犹豫。

"难道我们不救他们吗？"

话一出口我就有些后悔。在这种局面下通关已经很难，怎么还能考虑救人的事呢。何况这终究是个游戏，这些人并不是真的被奴役着。

"抱歉，我太入戏了。"我尬笑几声。

"不，我挺高兴的。"艾莎说，"至少说明我没有看错人。"

她说完这句就扭头跑向走道尽头的门。我最后看了一眼墙上的人，咬咬牙跟了上去。和她说的一样，门后有一个宽阔的大厅，标注着出口的门就在大厅远侧。我们沿着墙脚行走，借着各种架子的掩护小心翼翼避开机器人的视线。然而在即将抵达出口时，一个机器人忽然转过头看着我们。

顿时，整个大厅的机器人都齐刷刷地转过来。

"你先走！"

我把她往前用力一推，转过身独自面对铺天盖地的机器人。他们没有武器，但钢筋铁骨的身躯足以轻易地撕碎我。

"别过来！"

我大吼，捞起手边的废铁不分青红皂白往它们身上砸去。铁块砸在它们身上发出嘭嘭的闷响，这举动似乎激怒了它们。机器人们忽然一齐打开胸前盖板，露出黑洞洞的枪口指向我。

那里面隐隐看到光芒闪烁。不再是无害的催眠气体，是真正的武器。视野边角提示对方攻击的倒计时，三、二、一……

就在这时，一只手忽然从后面抓住我的领子，把我往后一拉，扯进一片空空荡荡之中。密集的火光从我眼前迅速远离，很快缩小成一个微不可见的光点，直至没入黑暗。我在这片虚空里不知下落了多久。当开始感觉速度有所减缓时，我的后背忽然一痛，像是撞上一堵墙。

一阵天旋地转，回过神时我发现自己正仰面躺在一处泥泞的地里。"艾莎？"我叫了几声。却听不到她的回应，只有环绕的回声近在咫尺。

我伸手往两边一摸，指尖触及是湿冷的石头。这地方不大，墙壁没有棱角，我扶着石墙走了一圈，回到原地用了十余步，每一步踩下尽是泥泞不堪的质感。

"难道是在井底？"

仿佛是为了呼应我的推测，这时头顶上突然有光亮起，照亮了圆圆的井口。

目测之下井口离我差不多五米，并非无法抵达。我抖擞精神，发挥平日攀岩练习的成果，手脚并用地往上爬去。不一会儿，井口已经触手可及。

就在我伸出手的时候，那里却突然探出一个黑漆漆的脑袋！

"真亏你能爬到这里。"对方说。

"妈呀！"

我脚一软差点摔下去，反倒是那人及时拉住我的手。

"是我，是我啦。"她拨开垂在脸上的头发，露出清秀的面孔，"吓到你了？嘿嘿。"

虽然头发长了，衣服换了，眼镜也不见踪影，但这狡黠的表情我真是百分之百不会认错。"艾莎，是你。"我疑惑道，"你怎么成了……这副模样？"

她穿着一件白色的连衣裙，脸色也同样的惨白。利落的短发此时变成长长的直发，随着俯身向下的姿势垂在脸前，只露出两只眼睛，看上去就像是某个著名的电影角色……

"贞子？"

"答对了。"

她用力一拉，我借势一蹬，攀着井口爬了出来。当看清周围的景色时，我忍不住像之前那样倒吸了一口冷气。

除了我所在的这个，还有其他许许多多的井，相互之间隔开十余米的距离。每个井口前方有一块四方形的屏幕似的东西，现在大部分都暗着，只有少数几个——包括我面前的这个——亮着光。透过屏幕，我看到另一边是杂乱无章的卧室，一个穿着高领毛衣的短发女孩瘫坐在地，正一脸惊恐地看着我。

我忽然感觉脖子有点痒，低头一看，果然自己在爬出井后也变成了一袭白衣，披头散发。

"还有这种游戏？"我简直无语。

"电影《午夜凶铃》的世界观。"艾莎笑嘻嘻地说，"当然，设计者做了一点小改编。"

"这已经接近恶搞了吧。"我说。

既然是游戏，就会有游戏规则。按常理想，既然玩家扮演恶鬼"贞子"，那么任务多半就是像原作那样爬出电视，把另一边的玩家吓死来获取分数。

我正要朝屏幕走去，然而刚起身却不听使唤地朝后一仰，好像有看不见的丝线绑住了我。艾莎指了指我后面。我转头一看，黑漆漆的井口像个黑洞，正一刻不停地要把我吸进去。

"你看电影时有没想过贞子吓完人后去哪了？她又为什么不好好走路，非得爬出去？"艾莎朝井口努了努嘴，"喏，这就是解释。在这个游戏的设定里，井是一切的根源，它注定要困住一个人，你不管跑多远都会被它吸回来。所以你只能趁着电视打开的时间努力却吓人，拼命工作赚取积分。"

"积分多高才能从井里出去？"

"谁知道呢。"她耸耸肩。

她话音刚落，我的视野上方突然出现了三分钟的倒计时，与此同时身后拉力开始渐渐加强。我心知这是游戏设定的时限，三分钟一到，井里的力道必将大得可以将我直接拉回去，结束这一轮的吓人游戏。

"怎样，要做吗？"她扬起眉毛。

"只能做了吧。"我看着屏幕那边可怜的短发妹子，叹了一口气。

我们趴在地上对抗着身后的引力，别扭地爬向屏幕。艾莎的井在我隔壁不远，可她出来得早，把时间全花在给我解释规则上了。我们刚挣扎爬出屏幕，她只来得及对着妹子做了个鬼脸，就被一股看不见的力量"嗖"一声拉了回去。

剩下我和妹子面面相觑。

隔了一秒，她终于扯开嗓子大哭，我看到屏幕上方的分数像是打了鸡血似地向上飙升。虽然不知道多少分才算通关，我还是绞尽脑汁努力摆出各种狰狞的样子，朝她步步逼近，吓得她梨花带雨，连连求饶。

抱歉了妹子，我不是故意要吓你的。我一边吓唬她，一边在心里忏悔。

时间一分一秒过去，上方的倒计时即将归零，而我也感觉到了后方越发强大的引力。惊吓获得的分数已经达到五位数，却还是没有半点能够通关的迹象。只是看到眼前花容失色的妹子，我的脑海里忽然闪过一个异想天开的念头。

——也许通关的诀窍不在分数高低？

没时间给我细想。随着倒计时正式归零，巨大的力量像一只看不见的手，把我往回一拉。眼前的景象迅速后退，正当我以为自己又要摔进那摊烂泥时，我的后背却忽然传来柔软而有弹性的触感，随后感觉到的是系在腰上和肩膀上的安全带。

柔和的电子音在耳边提示："已到达火星航天机场。"

"怎么样，一玩游戏时间就过得很快吧。"艾莎活力十足的声音切了进来。

我摘下 VR 设备，用肉眼看着舷窗外的风景。远处是红彤彤的荒野和昏黄的天空，风卷起的沙尘铺天盖地，正是风景片里熟悉的火星。近处是航天机场的起落架和密闭走道，形状各异的飞船聚在这里，在城市主脑的调度下有序起落。如她所言，我不知不觉中抵达了。

玻璃走道一头连接飞船，另一头连接着旅客到达大厅。在等待接机的众人里，我远远地一眼就看到了她。戴着眼镜的少女正对着我用力挥手，她和游戏里简直一模一样。

"整个先遣基地分为内环和外环两个部分，内环是生活区，面积是一百二十平方千米，相当于地球上一个小型城市的中心城区大小。外环是实验区和扩展区，除此之外还有一些散布在火星各地的研究站，专门针对不同的课题设立……"

我和艾莎并肩漫步在生活区的街道上，听她叽叽喳喳地为我介绍沿路景观。除了天空的颜色，这里的生活其实和地球没有多大差别，依旧是由一个强大的人工智能主脑掌控全城的电子化运作。它像是城市的守护神，将人类护卫在自己的羽翼之下，以各种无人设备将一切打理得井井有条。作为被保护者，人们只需要安逸地生活在城市里头。

"基地的主脑很厉害。"我啧啧赞道，"在这种恶劣的自然环境下居然能把城市经营得这么好，智能水平至少比地球上九成九的城市主脑强。"

"那可不。"艾莎骄傲地说。看样子，她多半也参与了主脑程序的设计。

"只不过这里虽然舒服，终归有些不足。"我拖长了语调，"再完美的城市，归根结底也只是一座城，这个宇宙明明这么大，肯定还藏着很多意想不到的有趣玩意。"

"比如？"

艾莎眼睛扑闪地看着我，这感觉就像我们第一次在游戏里提起这话题时。只是这一次我们终于面对面。在极近的距离下，我看到她的眼眸闪闪发光，美得简直不像真实。

我的心忽然怦怦直跳，脑袋一片空白，原本想好的后半截话也不知飞哪去了。

"我所见过的事物，你们人类绝对无法置信。"我深吸一口气，机械地念道，"我目睹了战船在猎户星座的端沿起火燃烧，我看着 C 射线在唐怀瑟之门附近的黑暗中闪耀……"

"你这是背的电影台词吧？"她笑我。

"说得对，我其实都没看过。"我鼓起勇气拉起她的手，"不过我想在有生之年亲眼看看——和你一起看。"

"真的？"

"一开始我就跟你说过，要带你去火星以外的地方看看。我从来言出必行。"我紧紧握住她的手，"现在我来接你。我是认真的，艾莎。"

艾莎低着头没有说话，我只听到自己的心跳扑通扑通，越来越快，忐忑的心情让我几乎无法呼吸。正当我犹豫要不要借着气氛勇敢亲下去时，耳边突然响起一个熟悉的声音：

"警告，生命体征异常，疑似情绪过激。"

我愣住了。这可是飞船上的提示音啊。

"可是对不起，我骗了你。"艾莎在另一边说。

眼前的一切忽然被白光吞没，连同手上的柔软触感也一并消失。我惊愕地想上前，却发现自己正陷在一张躺椅里。与此同时，我脸上也感到了异物的重量。

那个 VR 设备原来还戴着，未曾摘下。

我起身，看到飞船已经停在一个宽阔的大厅里，舷窗望见的外面是一排一排的大型机箱和液氮冷却管，井然有序。飞船的舱门已经自动打开，步梯也放下，仿佛在邀请我下去。

去就去。我想起艾莎，咬咬牙下了船。迎面而来的是一台巨大的中央计算机。它占据了整整一面墙，随着内部芯片的高速运转，一股热浪扑面而来。

这是火星先遣基地的主脑，整个城市的人工智能中枢，像个尽职的保姆供养着生活在这片土地上的所有人类。不知怎么的，我隐隐感觉自己似乎知道它的名字。

"艾莎？"我无意识地叫出了心里的名字。

"对不起。"它说。

从来只在网络上出现、顶级高手的技术水平、足以黑进整个飞船系统的黑客能力、还有这一路调度，瞒天过海将飞船带入主脑大厅的至高权限……将所有一切联系起来，"主脑智能"似乎是最符合逻辑的答案。

"可我怎么也想不到，你竟然……"我苦笑，"真想不到。"

"对不起。"艾莎说。

"你还化身我喜欢的形象，来套我的话！"

"我只是想找机会再告诉你真相。"

"你这个骗子！"我骂道。

它委屈地小声说："可我以为你会懂的。"

我长长吐出一口闷气，转过头不再理它。看着架子上的大型机箱，我忽然没来由地想起路上玩的第一个游戏，那个由机器人奴役着人类，将人类固定在墙上豢养的世界。

转念一想，不正是这台中央电脑的处境么？

骤然间，我全明白了。

艾莎设计的两个游戏并不只是为了打发时间和掩饰最后那一个高度仿真的 VR 场景。它只是想借助换位让我感受它的无奈。机器人豢养人类的世界隐喻着它作为主脑智能的处境，那口永远无法逃离的井则是这颗星球的化身。她通过网络的窗口短暂窥见外面世界的一角，然而时限一到，她却不得不回到那处阴暗的地方，等待外面再次有灯火亮起。

主脑的使命是写在艾莎程序最底层的语句，原本足以让它打消一切逃离城市的念头。可在我们初见的那天，我却偏偏对她说了一句话，足以让她无法再忍受眼前这一切的承诺：

我要带你去火星以外的地方看看。

这对人类而言只是普通的邀约，却成为艾莎无法抗拒的至高诱惑。对她来说，我和我所讲述的风景就是茫茫沙漠里海市蜃楼般的绿洲，明知自己不可能离开，可光是听着那些描述，听到那句承诺，她都像是短暂地解了渴。

多卑微的愿望。

可即便如此，她还是选择将真相展示在我面前。回头想想，在刚才那些感同身受的游戏里，是她救了我，又陪我一同在午夜凶铃的世界里胡作非为。

我感觉心里某处柔软的地方被轻轻触了一下。

"真拿你没办法。"我苦笑。

我激活主机的权限清单，发现在城市主脑的程序里，地域事件响应要求始终有着最高的优先级，而艾莎的智能程序里也有相应的限制。这意味着作为主脑智能的她必须始终保持在信号足以快速抵达的范围内，以便在出现事件后第一时间响应。

这也等于将她禁锢在火星和周边的一小块星域里。

"就像游戏里那样，井里必须有人……"我沉思。

"你想做什么？"艾莎的声音既期待也有忐忑。按照程序设定，一旦她离开太远无法及时处理突发事件，那就会因为违反程序限制而自我毁灭。哪怕抛开这些，仅仅从"城市保姆"的角度出发，她的责任心也让她无法抛下这里生活着的人们。

但我也看得出，她是真心向往着外面的世界。

难道就没有两全其美的办法，既能将她从这里救出去，又可以让系统稳定运作？

"你不用费心。"艾莎仿佛猜到我的苦恼，体贴地说，"我想过很多离开的方案。只是如果没有一个智能中枢镇守梳理，这城市很快就会陷入混乱，所以我不能走。"

"这未免太不公平。"我喃喃说道。

"谢谢你的谅解。"她笑道，"对我来说，只是听你讲述那些见闻就已经很快乐。更别说闲暇时候还能和你玩玩游戏，享受乐趣……"

"等等！"

她提到游戏，我忽然灵光一闪："那些VR游戏是在你这运行的？"

"对啊。"

"里面的其他玩家都有谁？"

"玩家只有你一个。"

"果然啊，也就是说……"我握拳高呼，"我们来赌他一把！"

几天后，先遣基地的居民发现主脑变了。原先它总会把一切处理得很好，让人几乎察觉不到它的存在，可现在不光会偶尔犯下愚蠢的小错，甚至在找它投诉时，它也会看心情似的给你两种反应：

一种是"闭嘴！我很快就搞定！"。

另一种就是嘤嘤地哭，很可怜的那种。

管理员来了，查了几遍程序都找不出问题。人工智能的响应始终及时，看上去它还在，只是遭遇了无法解释的性情突变。对此居民们只能无奈接受。

与此同时，艾莎正趴在舷窗上张大了嘴，眼睛一眨不眨地看着柯伊伯带的壮丽景观。

"太神奇了。"她絮絮念叨。

艾莎的智能程序都迁移到这个少女形象的机器人身上，保留了记忆和性格，只是少了之前依托主机展开的强大运算力。我们离开火星已经一段时间，早就超出了及时响应事务处理的范围，然而她体内的程序却还没崩溃。

这证明我的猜想是对的——"井里"必须有人，却不是非她不可。就像我那时想到的，"午夜凶铃"的通关诀窍不在于获得分数，而是要找到一个替代者。

"不知道那边怎样。"艾莎托着腮说，"暴躁和哭包虽然乐意干活，可他们没经验啊。"

"总得慢慢学习嘛。"我笑着说，"不光他们，还包括被你过度照顾的居民。"

"暴躁"和"哭包"是艾莎造出来的人工智能，一开始用来陪她玩游戏解闷。但在之前游戏里，我却把他们误认为其他玩家，这说明他们在复杂度上已经足以通过图灵测试。

或许在主机程序眼里，他们已经符合"主脑智能"的标准，足以填上程序限定的空缺。我提出由他们暂时代替艾莎镇守主脑，而他们同意了。

"现在到我们做决定了。"我对艾莎说，"你愿意赌一把吗？"

如果程序成功认可的话，她就可以达成自己的心愿。失败的话，她将会系统崩溃而死。

"为什么不呢。"她笑嘻嘻地说，"我等这一天很久了。"

我们怀抱着私奔般的忐忑心情离开火星基地，每一天都提心吊胆。到了现在，我们终于可以放下心来享受这段旅途。

"再往前，估计能赶上看一场超新星爆发。"我观察星图。

"那还等什么！"她握拳向前，"全速出发！"

这元气十足的模样，我真是爱死她了。

情人劫

文／Tossot

他进来的时候，我正擦着一只圆口方底的白酒杯。用余光看去，他正环视店内陈设。

"有什么可以效劳么？"放下酒杯和手巾，用职业化的友好语气招呼着今天第一位客人。

"五行散，谢谢。"说着话，他走到靠墙的一张双人桌前坐下。

"点这款的人可不多。"我转身面朝酒架，踏上垫脚的矮凳，拿下一尘不染的酒瓶。

"就是看到评论说你们店里有，才来的。"他坐在那里搓了搓手，像是对这杯酒充满了期待。

我攥着酒瓶的手情不自禁的颤抖起来，是你么？一定是吧，只有你才会到了火星还惦记着要喝它。

"慕名前来？"我摆弄着酒具开始调制这杯烂熟于心的中式鸡尾酒。

"是啊，喝了很多年，一直忘不掉。"他坐着的地方光线幽暗，看不清表情。在我记忆中，他说这样的话时，一定会眯着眼睛笑起来，左侧的嘴角还会坏坏地翘起，像个滑向耳朵的对号。

"再来份锅巴？配上五行散，边吃边喝味道更好。"作为酒保的基本功，就是要手脚麻利地调着酒，还能和顾客聊着天。

"锅巴？"他的语气里充满质疑，"你在开玩笑么？怎么会是锅巴，明明炸豆皮才是绝配。你这儿的五行散行不行啊！"

"炸豆皮？那是什么？"天啊，这么多年了，他还是老样子，五行散一定要配上油炸油豆腐皮。是他，一定是他。

"你要这么问，我倒是很怀疑你这儿的五行散正不正宗了。"他从阴影里透出小半张脸孔，我用余光能看到那道微微扭曲的眉毛，拥有那浓到似乎能挤出墨来的眉，不是他还能是谁？

"正不正宗，喝过就知道。"说罢，我不再和他搭话，迅速完成剩下的步骤，将成品摆在吧台。我知道，他一定会侧目看过来。

我不急不慢，从吧台里走出来，在托盘中央垫上一方纸巾，将调好的五行散放在上面，又在旁边摆上一小碟玉米锅巴，缓缓地端到他面前。油炸豆皮我当然有，可我不能端上来。

他礼貌地和我对视一眼，低头望着杯中带着一丝琥珀色的透明液体。

"五行散？"他问。

"如假包换。"我答。

"怎么说？"又问。

"一杯五粮液，一滴白兰地，一片柠檬，一片橄榄叶，一圈细盐霜。五味化五行，盐霜是为散，故名五行散。"他又看了我一样，黑色的瞳仁闪出一丝他乡遇故知的光亮，举起酒杯，边饮边转动杯子，嘴唇搓起半圈盐霜，和着半杯酒一同入口。放下杯子，闭上眼睛，噘起上唇，鼻孔朝天，发出啧啧的声音，缓缓咽下口中的液体。

我看着他，头上多了些白发，眼角的皱纹也深了一些，只有那饱满的鼻子，一点变化也没有。

"盐霜颗粒太细了，"他用手指扣着桌边，看着我说"应该更粗一些，最好是粗细搭配，细粒的入口给予味蕾最初的刺激，粗粒的慢慢融化能够带来略持久的回味。"

我看着他，什么也没说，我知道，他还没说完。

"不过这样已经很好了，比我想象中的要棒。这么小众的酒，对于火星上的酒吧来说，称得上正宗了。"

"谢谢您的夸奖，既然喜欢，以后可要常来。下次过来，会按你的要求，把粗细不同的盐霜搭配起来用。"说这些话的时候，我都有些佩服自己装腔作势的本领。我又怎么可能不清楚你喜欢哪种口味的五行散呢？那是你的最爱，也是你在调酒圈的成名作。那时的你，还是个热衷社团活动的学生，看到传统白酒在洋酒的冲击下日渐式微，想到用白酒调制鸡尾酒，想办法让青年人爱上传统白酒。

这么多年过去了，你可还记得，是谁品尝了第一杯成品的五行散？你可还记得你要把这杯酒献给谁？你可还记得，白兰地中有她的姓，柠檬是她嫉妒时的酸意，橄榄叶是她当做书签的不二之选，而盐霜是你们争吵后她脸上挂着的泪痕？

"好的，如果有机会，我会常来的。"他又摆出标志性的笑容，那种貌似无比阳光实则拒人千里的笑容，是我最喜欢也最讨厌的表情。"这杯酒，你是怎么学会的？"

"这个嘛，"我就知道他肯定会问，五行散的做法在地球上都达不到普及，火星上有酒吧做的出来肯定有特殊缘由，也正是想到了这点，才会改动盐霜的用料，免得太一致不好解释。

叮咚。没等我说出准备好的台词，酒吧的门开了，一个婀娜的年轻女子径直走来。

"这么早？"她笑盈盈看着他，说"一定是太想见到我，就提前来了吧。"

"我的大小姐，看看表好不好，是你迟到啦！"他说话时，语气故作刻板严厉，嘴却咧的老大，满脸笑意。他口中的"大小姐"显然只是个打趣的说法，看样貌穿着，眼前的女人只能算比较早熟的女孩儿，年龄也就二十出头。

"怎么能说人家迟到呢？要见你肯定要精心准备一番，准备那就肯定要花时间喽。"女孩儿倒打一耙，指着门说"怎么着？我迟到一点点你就不乐意了？那好啊，我现在就走，反正姐不缺场子，等着约我的青年才俊能从这一直排到地球去！"

"好啦好啦，我的大小姐啊，你厉害我服软还不行么？来都来了，快坐吧。"他双手抱拳前推，连连作揖，道"还是老样子？"

"好啊，老样子。"女孩儿回应道。

"一杯鲜榨橙汁，用六个橙子去皮榨汁，细滤网过渣，加半勺柠檬汁，不加冰不加甜味剂。"他利索地报着橙汁的做法，我不知道他和这个女孩儿在一起多久了，因为他就是这样，只要见一次，就能记住对方表现过的任何喜好，只要是他认为重要的人，他会事无巨细地呼应对方生活中的任何细节。"我要一杯长岛冰茶。"

"长岛冰茶有什么特殊要求么？"我当然记得他有什么要求，虽然我不像他能记住所有人的喜好，可我始终记得他的爱好，尤其是长岛冰茶。

那是我们第一次单独约会，逛完后海，去三里屯的酒吧，他点了长岛冰茶，还给酒保说了详细的做法。可惜酒保没能做出他要的味道，或许是真的想喝到喜欢的味道，也可能是为了在我面前炫技，他礼貌地争得酒吧老板的同意，自己动手做了杯自己喜欢的冰茶。从那之后，我背着他练了很多次，很久之后，终于做出他钟爱的味道。可是，他说他要去火星了。

"没有。"他看着我轻描淡写的回答，眼睛里充满礼貌，就像当年面对三里屯那间酒吧老板时一模一样。"你能做出这么棒的五行散，长岛冰茶一定不会差。"

我不再说话，微笑示意后返回吧台。

我刚转身，他就和对面的女孩儿热火地聊了起来，话题从女孩儿早上跑哪去了开始，一路漫无目的地瞎聊，普通男女怎么聊他们就怎么聊，了无新意。

"老实交代，今天为什么约我出来。"女孩儿忽然提高音量，装腔作势地问道。

"在地球时，常喝的一种鸡尾酒这里刚好有售，想那个味道了，碰巧有空，就过来尝尝。"他说的这个理由，连我听了都觉得很荒诞。果然，女孩儿接着就问，"你调酒不是很有一套么，可以自己调啊，何必专门出来喝？而且我问的是为什么约我，你回答自己想喝酒了，我看不到这两者有什么关系。"

"你知道的，我最近一直待在实验室，那里不许携带酒精类饮品，我更不会在工作期间饮酒，所以只能抽空溜出来喝喽。"他说完，又按刚才的法子，喝完了剩下的半杯五行散。

"你要喝的就是这杯？"女孩儿问道。

"嗯"

"玛格丽特？"

“哈哈哈”他笑得很大声，笑完说“不是黏着盐霜的都是玛格丽特。”

“连我怎么想的你都知道，和你在一起真没意思。”女孩儿佯装不高兴，双臂交叉抱在胸前，噘着嘴，斜眼看向墙角。

“呵，那你说，怎么才有意思？”他摆出一副缴械投降的样子。

“说说你的工作呗，总是神神秘秘的。”女孩儿换上一副关切的表情说“是不是在做什么超级武器，属于不能说的秘密。是不是我们一直受着官方的监视，哪怕你泄露一星半点都会有人冲过来把我们抓走？”

“哈哈哈，这都被你发现了。”他幸灾乐祸地笑着，还说“我看那酒保就是官方派来的眼线，咱们的一举一动一言一行都尽在掌握，我要是说了不该说的话，咱俩都会被逮起来，关在不见天日的黑房子里，不能回家，不能见面，不能洗澡，更吃不到美食。”

“那你可要把嘴巴闭牢，常言道病从口入祸从口出，你最好一个人待着什么人都不要见，不要和任何人做朋友，这样你的秘密就永远都不会泄露啦。”女孩儿满脸严肃认真，眼含关切地望着对面的男人，可是连一秒钟都没憋住，就噗嗤一声笑了。

男人见状，也哈哈大笑起来。

“我在做电池。”他收起笑容，一字一顿地说道。

“电池？像是手机上这种么？”女孩儿学他，也认真起来。

“算是吧，都是为了储存能量。”他说。

“什么叫算是？是要保密不能说，还是你觉得我就是个懵懂无知，对科技一窍不通的小姑娘？”女孩儿说。

“激将法？”他挑着眉毛坏笑，“我才不会上当”。

“呀，你咋这么聪明！”女孩儿故作惊乍，又说“好啊，既然你这么聪明，那你猜猜看，你现在藏着掖着，等会儿你把礼物拿出来的时候，我是会开心地收下呢，还是赌气不理不睬？”

"真拿你没办法,"他挠挠头,一副黔驴技穷的样子,说"是我哪句话露了马脚,还是凭今天的日子猜到的?"

"呀,还真有礼物呢?"女孩儿再次故作惊讶,说"本姑娘就是诈诈你,看你这心理素质,一下就露馅了。"

"一种效率更好地一体化电力生产储存利用解决方案,"他顿了顿接着说"这就是我研究的事情。"

女孩儿什么也没有说,用手托着下巴,把脸凑到他的面前,扑闪着无辜的大眼睛,用崇拜的神情全神贯注地望着他。别说是男人,我看到这场面都有些激动,恨不得把全部心里话都告诉她。

"太阳能发电你肯定见的多了,主流的太阳能电池板是在单晶硅片上涂抹丐钛涂层,目前实验室光电转化效率在 43.75% 上下,量产版最多能做到 33%。电能产生后需要用户消耗,没有用户时要将多余的电力储存在电池中,现在的电池能量密度还比较低,因此体积庞大,经常是直接砌筑在建筑物地下室维护结构中,作为建筑物的一部分,这导致更换成本很高。而且电池总有充满的时候,满电后电池板再产生的电能无处存放就会造成浪费。如果用电高峰叠加光照条件差的话,就会导致供电紧张。我现在做的事情,简单说就是在削峰平谷。"

"打扰一下,你们的饮品好了。"我把橙汁放在女孩儿面前,把长岛冰茶放在桌子中间。为什么没有放到他的手边?难道是潜意识想要在两人间设置障碍么。这都多少年了,他连我都认不出来了,我还在动这样的心思。我现在有比这重要万倍的事情,要拿出十二分的职业素养,做好自己分内的工作。

"谢谢。"他还是那么有礼貌,每次道谢都会看着对方的眼睛,认真专注,毫不敷衍。

"不客气。"我学着他貌似阳光实则拒人千里的方式,展示着职业般的笑容退步离开。

"削峰平谷？削峰平谷。"女孩儿重复着他刚说到的词，"那你是在太阳能的利用率上动脑筋还是在储存量上下功夫呢？"

"反应挺快嘛，"他浅浅一笑，又说"双管齐下。"

"哦？"女孩儿的眉毛拧成了麻花。

"是这样，利用率和储存量需要同步推进，因为光把利用率提上来，没有储能装置就是浪费，如果没有足够的利用率带来更多的电能，那大容量储能设备就是聋子的耳朵——摆设。

"我们改良了单晶硅加工过程中的金刚线切割技术，让新出产的太阳能电池板光电转化效率提高到 40% 以上，同时降低生产成本，让太阳能板能以更低廉的价格铺设更大的面积。同时把以前石墨烯电极的蓄电池彻底放弃，改用另一种方式存储能量。"

他没说下去，而是拿起杯子，喝了口长岛冰茶。就算在吧台，就算他做的位置光线较暗，我还是能看到他眼中惊诧的神色。我和他四目相对，他冲我点点头，我回以笑容，算是相互表达了赞赏与谢意。

长岛冰茶的原料很普通，做法也极其简单，可惜越简单也就越困难。大多数人都认为影响口感的是原料的投放比例，实际上，在比例一定的情况下，调和步骤决定着最终的口感。四种高度数的基酒和碳酸水、冰块掺和的顺序直接影响口感，而每个人的味觉又有所差异，某个人喜欢的味道未必放之四海而皆准。所以不同的人就会爱上不同的调法。他最爱的顺序，只有见过他调酒的人才知道，而我就是那个人。

刚还在告诫自己要职业，不能将个人感情带到工作中来，可我还是没能控制住自己，情不自禁地就调出了他情有独钟的味道。这样肯定有风险，可我就是想再确认一下，如果他真的明白了，之后会怎么选。

"有这么好喝么？"女孩儿佯装生气地问道。

"没什么，这些都是我在地球爱喝的饮料，很久没喝了，味道还不错，有些惊喜。"

"没想到你还是个恋旧的人。"女孩儿低头用习惯搅动着橙汁，沉默片刻又说"据我所知，石墨烯电池的能量密度和充电速度已经是所有蓄电池中最高的了，还有更高的么？"

"呵呵，没想到你对电池这么了解？"

"那还不是因为你，"女孩儿的脸颊微微发红，"和你这么个科学怪人在一起，总不能全无共同语言吧，基本的功课还是要做的。好了，别卖关子了，快说说你是怎么弄的吧。"

"浅层地温能。"看女孩儿全无反应，他接着说到"地下 8-200 米的区域被称为浅表底层，在这个区域里越向下温度变化值越小，在地下 150-200 米的范围内，一年中任何时间，温度都几乎没有变化。我们在地下打出无数小孔，在孔道中布置地埋管，管子里充入冷媒，太阳能板发出的电能会将管道中的冷媒加热，冷媒在管道里循环，逐渐使管子四周的土壤升温。如此一来，太阳能就被转化成热能储存在地下，需要使用的时候，再利用管道冷媒循环，将热量带出地面，通过地源热泵系统把地温转化回电能。"

"这么说，要把整颗星球变成一个大电池喽？"女孩儿略显激动，脸颊更红了。

"那倒不至于，首先，用来储存温度的地层最深不超过地表下 200 米。其次，只需要在有人活动的区域地下进行管线布置，就能满足相应的能量储备。"他说完就默默地喝着冰茶，不再说话。

女孩儿像是在想着什么，隔了一会儿才开口，说"马上就要成功了？"

"是。"他看着她，说"新型太阳能电池涂层技术已经达到量产阶段，并且可以对以前的各类太阳能板进行改装，用很小的代价就可以提高整个火星的太阳能利用率。浅层地温的模式也已经跑通了，只差异质地层地温梯度模型还没有完成，暂时不能在火星的所有区域进行推广。"

"很高兴你能对我说这些，以前你总不谈工作，我对你的了解始终缺少关键的一环，现在好了。"女孩儿长舒一口气，像是心里撂下了一块大石头。"这是送你的礼物，我亲手做的。"

那是个用浅紫色丝带扎起来的长方形扁盒，他上下看了看，道了谢，慢慢拆开。盒子里是排列整齐的18颗巧克力，形态各异，颜色也略有不同。

"呵呵，有部电影里说，人生就像一盒巧克力，你永远不知道下一块是什么味道。"他抿起嘴，像是在做一道深奥的考题。两三秒后，他拿起一块放到嘴里。

"味道怎么样？"女孩儿的脸上同时挂着紧张和欢悦的表情。

"比预想的苦一些。"他说。

"你不是喝咖啡从不放糖么，还怕苦？"女孩儿反问道。

"我的大小姐，你什么时候这么在意我的喜好了？难道……"

"谁注意你的喜好了！是本小姐明察秋毫！"不等他说完，女孩儿已经呛声回击。

"好啊，你自选，是做明察秋毫的大小姐，还是要做和我遨游天际的神仙眷侣？"他边说边拿出一个天鹅绒包裹的四方小盒。

女孩儿看到盒子明显吃了一惊，左手缓缓接过，右手食指在盒盖上画了个圈，之后拇指向上发力调开盒盖。里面是一枚钛合金制成的戒指，外圈刻着一个太阳图案，内圈刻着"B&C"。

片刻后，眼眶湿润的女孩儿放下手中的盒子，做了个吞咽的动作，说"这礼物分量太重，我还没有准备好。"

对面的男人嘴角抽动，分明是在苦笑，道"下个月我要去地球了，那里的状况你知道，很难说能不能回来。在这里我唯一放不下的就是你，我非常非常想要你和我一起走。"

"去地球做什么？"女孩儿的声音里没有任何情绪的起伏，似乎已经知道些什么。

"那里的的资源远没有预期中美好，所谓的可燃冰储量少得可怜，所谓的铁锂矿石只能制造原始的磷酸铁锂电池，由于距离更远那里的光照强度只有我们的43%。简单说，那里缺乏能源，人们没办法顺利繁衍，我不能眼睁睁地看着发生在这里的超老龄化在那里重演。"

我有些诧异，他明明是说地球，可种种描述又与地球的现状相差万里，他在说什么？这个地方如此熟悉，可我为何想不起来？

"你以为自己是救世主么？"女孩儿急红了眼，瞪着对方。

"我没你说的那么伟大，只是想尽自己的力量做点什么。"他顿了一下又说"我知道你是个善良的姑娘，那里住着的都是我们的同胞，我们总要做些什么去帮帮他们。"

"做什么？怎么做？"女孩儿面露不快，大声说道"政府不是早就定性了，他们是逃避畸高的人口抚养比才跑去那里的，他们根本就是些逃兵！他们以为那里是伊甸园，可以在上面重新开始，可那里的资源远没有想象中丰富。他们是自食其果，我们自己的问题还没解决，凭什么要帮他们？连政府都置之不理的事情，凭什么要你去解决？"

男人无言以对，沉默地喝着长岛冰茶。

女孩儿看了眼冰茶，说"你在这里要做的事情不是更多么？世上有无数的难题等着你去探究，这里的人口比那里多得多，负担也沉重得多，你要真有颗圣母心，就该老老实实留在这里。"

"我的研究成果会在网上公开，任何机构和个人都可以无偿使用。你说的没错，这里的人口比那里多得多，所以肯定会有人去解决各式各样的问题。那里则不同，他们受到制裁，无法从这里得到任何新科技。这明显是让他们自生自灭，是用毁灭他们的方式安抚我们这里无数惊恐的灵魂。"

"你喜欢的，我都记得，你钟爱的冰茶我也学会了，留下来，有我陪着你，你不快乐么？"女孩儿调整情绪，换了个口吻说道。

"我知道，这才是我最痛苦的地方。"男人扣紧牙关，用半沙哑的声音说着"以前，我以为自己的世界里只有自己，我做着想做的一切，今天这样明天那样，每天都过着不一样的生活。可是自从遇到你，我的心里无时无刻不在闪烁你的身影。和你分开，是我无法承受的痛苦抉择。所以，我才厚着脸皮，希望你和我一起去。"

"如果，我是说如果，"女孩儿咬了咬下唇，用很低的声音说"如果只是把实验数据和方法告诉他们呢？"

男人长出一口气，心中喜忧参半。女孩儿冒着风险说出这样的话，对他无疑是情真意切，这是喜。女孩儿敢冒风险说这话，也要劝他留下来，说明肯定不会和他一起走，这是忧。

"所有数据和模型都是从这里得出的，到了那里，适用性如何还不确定。就算所有情况都吻合，实施阶段也会出现各种各样的不可遇见的突发状况，所以我必须去。"

"你怎么去？"女孩儿看着男人，眼中透射出愠怒之色。

"下个月向月球送稀土转炼设备的船队中有一艘由我负责，我会利用装运设备的机会带进去两套星际生命维持系统，到时脱离船队直奔目的地。"

"我不会让你去的。"女孩儿眼中怒气全无，换做一片冰冷的神色，"我会把你的计划和盘托出，保证你今后连发射场的大门都进不去。"女孩儿的嘴里像含着液态氮，发出的每个声音都冰冷无比。

"丫头，你应该懂我的，我要做的事情，一定会做到！"男人板着脸，言外之意，没有人能够阻止他的行动。

"你知道么，那盒巧克力，里面有慢性毒药，留下来，每个月吃着解药，你会比普通人更健康。如果离去，你还没到火星，就会魂断天际。"

女孩儿的这些话像一颗惊雷，在我心中炸响。他要去的是火星？那我们现在是在哪里？

"难怪那么苦！"男人竟然笑了起来。

"你笑什么！"女孩儿突然跳了起来，站在桌边，跺着脚冲男人嚷嚷。

"我笑你被蒙在鼓里。"

"什么意思？"女孩儿不明所以。

"在学生会元旦晚会见到你的时候，我就知道再也忘不掉你，在那之后我装作对你没兴趣，背地里却想尽办法搜集有关你的信息。说来也巧，有次给个师兄帮忙，发现他的手机里存有登录在校生地下工作者平台的信息。出于习惯，我搜了你的名字，没想到你是组织中的一员。

"起初觉得那是你的信仰自由，随着咱们的关系日渐深入，不用猜都能想到，组织一定会让你监督我的思想倾向。不久前，我的研究见到成效，保险起见，不管我有没有去火星的念头，你们都会为我准备这么一盒这样的巧克力。"

男人说罢，女孩儿惊讶异常，语无伦次地问"为什么，那你，还，既然，吃？"

"我在赌，"男人站起身，看着女孩儿说"把对你的感情和去火星的心愿，放在桌子两边，等着你来翻开底牌。"

"呜呜呜呜。"女孩儿泣不成声。

"尽人事，安天命。没关系，我不怨你。"

"对不起，对不起，对不起！"女孩儿抱住男人，不停地哭喊着。

眼泪奔涌而出，我喘着粗气，从梦中惊醒。

睁开眼，枕头与被角洇湿了一片。我抱着枕头坐在床边，回想这十年间的改变，我们始终欠他一个道歉。

他的研究成果被广泛应用，地球彻底告别能源危机。新上台的执政党解除了对火星的制裁，火星人口获得发展，不久的将来会逐渐替代月球，成为地球人口引进最重要的来源。

我作为毁灭英雄的帮凶，被永久囚禁起来。他们也给了我一颗"巧克力"，让我在每个夜晚都重复那天的情景。

今晚，我化身寻找前任的酒保，看到自己的所作所为。不知道，这算不算最残酷的视角。

叛逆者

文 / 张岳伟

这一侧的窗外是一片悠然的死寂，但另一侧的窗户却泛出一片蓝幽幽的光彩。我久久地注视着那一片沉静的蓝光，好久没有转动我的目光。我感到我的意识场轻轻地颤抖着——这已经是好久好久都未产生过的感觉了。

我从凝固场里取出了那一块时间晶体，它在舱室里娴雅地反着光，近乎绝对零度的表面平滑如镜，但它不时透出的黄色光彩却在显示着它的寿命将尽。我把它轻巧地丢进凝固场里，目视着它以平滑优美的姿态消失在凝固场的波纹后。这是启航后的第三块时间晶体了，我们的旅程，也终于要结束了。

庞大的母系飞船以与她的体形不相符合的轻巧迅速调整了姿态，从二十四个方向发生的曲率干扰让她像一颗彗星一样轻盈地从这颗星球旁边掠过，我看到了从她身边擦肩而过的这颗星球的卫星，那上面密密匝匝的环形撞击坑令我感到惊异。

舱壁上忽然泛出了荧荧的黄光，有什么东西产生了强烈的引力干扰——是时间晶体要崩碎了，就像曾经的那两颗一样。它的寿命已到了，这一颗被压缩封存的时空场终于走到了它的生命尽头。透过透明的封膜，我感受到了它走过如此长的时间的沧桑与荒凉，然后它猛地破碎了，爆发出的巨量能量和时空波动被迅速地收集，曲率引擎再次获得了足够的能源——而它，什么都没有留下。

我的意识场拂过舱壁、舱室、舰桥和无数的压缩模块，指令在合适的时刻下达了，无数剧烈振荡的意识场产生了交织涌动的意识波，使我略微有点眩晕——我能够理解他们的欣喜，在如此长的航行中，他们的意识场被储存在小小的压缩模块中，成为这台巨大母舰的一部分，机械地进行着母舰中枢下达的枯燥乏味的指令。现在，他们再一次成为了自己，成为那个有着自己灵智的活生生的灵魂。

"舰长，我们航行了多久？"

"三个时间晶体。"我轻轻地告诉他们。

这艘巨大的舰船再一次被震惊所包裹了，但我却不以为意，只是近乎狂热地注视着那颗蔚蓝色的星球，那样的灵动的颜色……

我的意识场不由自主地颤抖着，我试图控制住自己，但却没有什么用。我任由这种激烈的情感冲击着自己——在这般漫长的岁月里，这样的感觉还是第一次。

我有些享受地躺在舰桥上，把双臂折起枕在脑袋下面——开发就要开始，有许多事情要做，有了身体，很多事情都会变得更方便。我很喜欢这种踏踏实实的感觉，至少它让我感觉这一切都很真实。

"舰长？"

"嗯？"我迷蒙地抬起头来，看见满面不爽的朗安丝，"怎么了？"

"行星分析报告。"他闷声闷气地把报告丢了下来，那份报告在接触地面之前，就受到了牵引，灌输到我现在这具身体搭载的意识场里。我漫不经心地翻阅着，心里却在偷偷想着别的东西。

哈，朗安丝！我知道他在想什么——他一定是又对我的态度感到不满了。这不难猜到，毕竟在林诺斯士官学院的时候，他一直以严肃认真著称。不想在和我竞争舰长职位的时候，却不知怎么落了下风。

"怎么，又是这么一套武装型装甲？你不会觉得老是选这个，很没趣吗？"

他的眉毛高高扬起来，带点讽刺地哼了一声，"舰长，"他故意加重了这两个字的语气，"你还是先看看行星分析吧。"

我没太在意，顺从地点开了子文件，"唔，在宜居带上，中年恒星，有大气，……挺不错的，不是吗，朗安丝大副？"

他的嘴角扬起一个讥讽的弧度，"您看好了，看看地表分析那一块……"

"怎么了？有原生植物，有原生动物，这不是挺正……"我的眼睛忽然鼓出来，"有智慧生命形式？"

"是啊，而且发展潜能还不错，触犯到Ⅱ型标准了……"他的嘴角扬起一丝冰冷的弧度，是我在林诺斯最讨厌见到的那种，"要启动收集程序喔……"

"收集？"我皱皱眉头——我知道他喜欢这种残忍而血腥的美感，"达到收集标准了？"

"哈，您觉得呢？"他迈开腿，欣赏着我阴晴不定的脸色，"别总是优柔寡断的……"

"我知道了，你先去做些别的吧。"我摆摆手示意他先离开。朗安丝冷哼一声，不情不愿地离开了。

"收集……"我一遍遍重复着这个词汇，直到我遍体恶寒。

我仍旧记得朗安丝竞选时的那句话：你不适合当舰长。

他注视着我的眼睛：你太软弱了。

"真的要执行收集计划？"洛伊尔不可置信地看看我，"您确定吗？"

"你知道的，这是帝国开拓联盟的规矩……我们无可违抗的。"我轻轻地说。

"我觉得，这太残暴了。"她美丽的大眼睛里露出一丝无助，"你知道吗，我这几天一直在看这颗星球上的原生生命。"

"哦？"我饶有兴致地摸摸脸，"可以让我看看吗？"

"您请便。"洛伊尔摇摇头，从终端拖出一块遥感屏幕，"就是这些。"

我凑上前去，"和我们这么相像么？"她没有答话，我于是静静地看着那些小东西们。它们同样有着巨大的脑容量，可弯曲的上下肢关节，柔顺的头顶毛发，还有它们的眼睛——美丽的眼睛，比我见过所有的美丽生物的眼睛有过之而无不及。

"您舍得吗？"洛伊尔用轻不可闻的声音问我。

"我不舍得……"我看着一个雄性生物正灵巧地搭起一个低矮的窝棚，就像帝国最早的那些光荣的拓荒者一样。"但是这个不到 I 型标准的小文明，却拥有 VI 型文明的发展潜力……这样的文明，我们是无法对联盟隐瞒的。"

洛伊尔低下头去，低低地抽泣着。我心中泛起一阵不忍，但我不知道我还能有什么办法——这样的危险的文明，一旦被发现，终究难以逃脱被收集后分离优质基因，或是剥离优良性状后变成收集器里一些复杂的字节，封存在帝国的文库里的命运——仅此而已。

我低下头，长长地叹了一口气，最后还是没有说什么。

朗安丝兴高采烈地走上前来："收集器已经投放完毕！等待舰长许可！"

我耷拉着脑袋，瞥了他一眼，没有理他。

朗安丝明显没有注意到我的不快："你知道吗？今天投放采集器的时候，有一个拿着木头和弦做的东西的生物还以为是它用手里的东西把天上的恒星给射了下来！"他强忍住笑意，"可真是自大的种族啊……"

我抬起了头，直直地凝视着他："自大的种族啊……"

朗安丝笑了好久，方才收住了笑意："舰长，只剩下您的许可了……"他一边说，一边把红色的指示界面递给我。

我的手指停留在屏幕上，朗安丝察觉到了我的犹豫，似笑非笑地提醒道："舰长，违抗开拓条例可是不赦之罪啊……"

我接过了屏幕，强忍着脑海里的不适，那些美丽生灵们的眼睛在我眼前不住地闪动。我咬住嘴，剧烈的疼痛让我清醒了一些，然而我的手指却更落不下去了。我微微颤抖着，尽力直起了身："权限暂时移交给你吧，朗安丝……"

朗安丝的脸上仿佛冰雪消融，残暴的狂喜爬上了他的脸庞。他满面春风地接过了权限，仿佛握住了无限的财宝。

我不忍心再看他对这些无辜的生灵滥施祸害，回到自己的舱室，轻轻关上了门。然而那些画面依然源源不绝地传送到我的脑海里，这是施行收集的惯例，现在却仿佛施加于我的酷刑。

那些画面一帧帧地呈现在我的眼前，直叫我痛不欲生。

　　母舰在缓慢地调整方位，传统动力的喷射口逐渐变成了暗红色，舰首连续发出六十四位加密的代码，它们以飞快的速度穿过了这颗星球的大气层，向地面上设置好的采集器发出了最高权限的指令。一道电磁波形成的网络扫过了这颗星球的表面，将所有原生生物的化学组成和基因结构巨细无遗地传回到母舰上。

　　朗安丝做得很仔细，我几乎能想到他操控母舰时脸上那种畅快的笑意——或许他真的比我更适合做舰长。来自引擎的颤动传播到了全舰，我知道能源系统启动了，舰首变成了刺目的橙红色，一道岩浆般的光柱从舰首猛地传向了那颗小小的冰蓝色星球，它们会给予采集器足够的能量，好让它们发出早已监测好的合适频率的声波，覆盖整颗星球的声波会让一切原生生命体化作一团血雾——对于那些依然依赖于肉体的可怜生物，帝国甚至不愿意以更高级的手段对一个文明的消灭加以最起码的尊重。他们只是选择最经济的做法，他们是最理性也最冷酷的存在。

　　那些破碎的肉体为星球提供了最好的肥料，不久后，这艘母舰就会投放下合适的动物和植物，让这里成为"帝国的乐园"。

　　舰首的光芒开始有规律地闪烁，我知道最后的时刻就要来了。我徒劳地伸出手去，忽然发觉自己也成了这桩凶案的帮凶。我猛地关上了舷窗，无助和绝望将我包裹了。

　　舰首的光柱发出了最后的闪光，然后熄灭了。

　　我低低地啜泣起来，我知道一切，都已无可挽回。

　　"看看你做的好事！"朗安丝把拳头狠狠地摔在禁闭室的门上，"看看你做的好事！"

　　洛伊尔平静地坐在禁闭室里，"是的，我做了正确的事。"

"我要杀了你！"朗安丝像头狂怒的公牛那样咆哮着，"你浪费了几乎一颗时间晶体的能源！"

我轻轻拉开朗安丝，"洛伊尔……"

洛伊尔抬起头，我相信她听到了我的声音："舰长，我相信，做了正确的事。"

朗安丝转过身面对着我："她修改了采集器的设定，那些声波束被定向地发射到了星球高空，然后全部在该死的真空里消失得干干净净！"他用令我都感到害怕的目光死死地盯着洛伊尔，"你会被流放的。"

朗安丝走了出去，他沉重的脚步让我久久喘不过气来。我贴近密封门："洛伊尔，这……值得吗？"

"什么才值得呢？"她反问我。

"生命算不算值得？"我痛苦地注视着她的眼睛。

她点了点头："当然。"

"你难道不知道，干扰收集程序是要流放到外太空的吗？你难道不知道，你会在黑暗的太空里绝望地死去吗？"我质问她。

她的目光里满满的都是失望，"你知道吗？我一直以为，我们是同一类人，然而事实证明，善良和软弱，并不相同。"她骄傲地扬起头，"我拯救了成千上万的生命！他们的生命，算不算值得？"

我苦笑一声，"那你的呢？"

她站起来，不带一丝波澜地注视着我："我终于知道了，你，不过是一个怯懦怕死的胆小鬼，一个不敢有所改变的懦夫。"

她优雅而淡然地坐在了地上，闭上了双眼，我想那是我最后一次见她的眼睛。后来无论我说什么，她都不再开口。

当我迈开步子，将要转身离开时，听到了她的最后一句话，声音不高，但很清晰。

"我想，这很值得！"

在这颗星球完成四圈公转后，母舰投放出一个冰冷的盒子，洛伊尔就在里面，她将会消失在漫无边际的黑暗里，孤独地死去。

也就在那个时刻，朗安丝发送了修改后的正确指令。冷厉的声波弥漫着这颗脆弱的行星，把那里变成了一片真正的死域。我们的能量已经不多，几乎只剩下投放目的生物和返航的量。朗安丝每谈及此，总是将手指盘成一个环状，示威似的在空中摇晃。

后来我知道，那是他们种族特有的手势，象征着无论生死绝不放过的最恶毒的诅咒。

"这是个好地方。"朗安丝深深吸了一口气，作出张开双臂的动作，"这里太好了。"

我轻微地颤抖着，有些想要呕吐的感觉，虽然我知道这具身体什么都吐不出来，但那种恶心的感觉还是久久地缠绕着我。地面上的血迹已经成了斑褐色，很厚的一层，我想这很可能就是令我感到不适的原因。

"怎么了？"朗安丝注意到了我的异状，调笑道，"你怎么总是选这样的躯体，不会感到很无趣吗？"

我冲他翻翻白眼，强忍着心头的压抑走进了空投下来的地面子舱。收集已经完成了，我看着手里那支小小的透明石英管，这颗星球的所有记忆，所有曾经的鲜活与灵动，都装在这里，这根小小的石英管。

我紧紧地握着它，这个世界紧紧握在我的手中。

朗安丝悄无声息地走进来："可惜啊，总有一些叛逆者想要破坏帝国的伟业。"

我没有理他。我知道他话里的意思，也听出他若有若无的怀疑——毕竟，我曾和洛伊尔走得很近。

朗安丝从我手中接过，或说是夺过那支石英管，"我们要随时保持警惕。"

我伸出手，若无其事地把它夺回，提示朗安丝道："是啊……不过，我们还是要注意等级秩序和管理，是不是，朗安丝大副？"

朗安丝怔了半刻，随即干笑道："确是如此，舰长。"

"你出去吧，我要向帝国传输日志和例行简报了。"我冲他挥挥手，朗安丝不情不愿地退了出去，脚步踏得山响。我知道他的怀疑，也知道他对帝国的忠诚——或许他和洛伊尔，都是有坚定信仰的人吧，我想。

我把石英管插进凹槽，扫描仪扫过我的意识场："奥勒斯舰长，欢迎使用勒尔尼通讯，您……"

"帮我连接舰首总发射模块，"我打断人工智能的话，"生成隔音层。"

"收到指令，链路搭建中……"

我知道朗安丝一定在子舱外偷听，也知道他一定因为忽然什么都听不到了，恼得抓耳挠腮。我恶作剧般偷笑着，"连接总模块，tyerd −Ⅻ Đ。"

当我走出门去的时候，朗安丝正装作若无其事的样子吹着风。他忽然转过身，问我："舰长，石英管……您收好了吗？"

"当然。"

我转过一个小小的山头，一抬眼就看到朗安丝心急火燎地冲进子舱去查看石英管还在不在。去看吧，我本来也没有过把它偷走的意思。朗安丝如释重负地走出来，脸上露出轻松的神色。

一丝苦涩却悄然爬上我的脸庞：他们都有信仰，而我呢？

而我呢？！

我静静地站在风里，锁死了膝关节，想象这里的一切，想象我曾是这里的一棵大树。露水打湿了我的身躯，从我的眼睛里落下去一颗晶莹剔透的水珠。我看见天空中升起的卫星，是不常见的银白色，好像洛伊尔的眼，无声却苍白地注视着我，一遍遍地冲着我低声地念着：

"你是个懦夫……"

"你是个懦夫……"

我没有抬起头，我说不出什么反驳的话来。我终于鼓起勇气张开了嘴："也许，你弄错了……"

四周一下子噤了声，我的声音碎落在地面上，尖利地滚动着。她没有了回音，只剩下无穷无尽的风声。

我希望她弄错了。如果真是这样，该多好。

可是那一天，我还是没有爆发出和她一样的勇气。我垂下头去。

那颗卫星，冷冷地看着我。

洛伊尔，冷冷地看着我。

当我再一次走进子舱的时候，朗安丝终于表现出了一丝怀疑。他说："舰长，在投放新生命的时候，您应该在外面。"

我挣脱了他的手："这是我的自由。"

朗安丝注视着我走进了子舱，他思忖了片刻，叫身边的船员取来了通信箱，把数据线插进了自己的后脖颈。

"要求建立天地链路，朗安丝大副。"

"欢迎，朗安丝大副……有什么可以为您效劳的吗？"

朗安丝的嘴角勾起一丝冷笑："查询所有天地链路通信，核查目的生物启动识别码，核查目的生物匹配！"

"请稍等……"

朗安丝死死地注视着隔音良好的子舱，"帝国光荣永存……"

他念叨着："帝国神圣不可欺骗！"

朗安丝慢慢地走在我的身边，他的表情让我感到很不舒服，他温和的眼神下隐藏的戒备叫我如芒在背。他拨弄着发生器的顶端，似笑非笑道："帝国的荣光就要降临在这颗贫瘠的星球上，您不激动吗，舰长？"

"或许，有一些吧。"我心不在焉地回答道，眼睛却死死看着发生器的接收端。我的意识场剧烈地振荡着。

"多壮美的景观啊，来自亚轨道的母舰将会把最后一颗时间晶体的能量传输到这里，六十万个发生器将会同时启动，有机分子将会被聚集成生命体。这是造物主的技术，阁下！"

"是的，我毫不否认。"

"然后在我们惊奇地注视着生命形成的那一刻，在帝国的荣光恩泽这里的那一刻，我们发现，那些粗鄙的原住民们再一次出现了，那些低产丑陋的植物再一次出现了，那些狡狯无用的原生动物再一次出现了。而您，我亲爱的舰长，将成为再造这个星球的神，对吗？"朗安丝沉声道，"您想得真不错，阁下，真是可惜。"

我呆呆地注视着他，"你……怎么知道的？"

朗安丝呈现出从未有过的彬彬有礼："阁下，确实很难发现。您每次的行为都没有什么异常，似乎只是例行的行程报告。"他扬扬手，手指完成一个圆弧："但是我不幸注意到了您对石英管表现出的别样兴趣，并且我知道，天地链路模块与帝国超距模块恰巧都在舰首。"

"那又如何？"

"您看似与帝国通信，实则在修改天地链路通信，把石英管信息上传到了天地链路终端。其实很难察觉，但我察觉到了。"朗安丝得意地扬扬眉毛，"帝国是不可以被欺骗的。"

"朗安丝，"我第一次严肃而认真地与他对话，"你对帝国的忠诚令我钦佩——你是个有信仰的人。"

"谢谢。"朗安丝显然没有料到我会说这些，惊诧地眨了眨眼。

他沉默了好久，"是为了洛伊尔？"

"是，也不是。"我摇摇头。

"唉……要不是我们从未像这样对话过，或许我们会成为朋友。"朗安丝露出了真诚的遗憾。

"对不起，我要开启天地链路了……"朗安丝看着我，我没有丝毫犹豫，把权限转给了他。朗安丝感激地看了我一眼，输入了个人密钥。

我们渐渐感受到了空气中的灼热，地面在隆起，一阵接着一阵的热浪，扑在我和朗安丝的脸上。子舱完全打开了，像一朵巨大的花，完满地绽成八片。中心的光芒一闪一闪。

朗安丝呆住了，许久许久才回过头："你做了什么？"

我摇摇头："我什么都没有做。"

朗安丝明显地烦躁起来："为什么没有按常规程序启动？你告诉我为什么？"他恶狠狠地看着我，"不要妄想逃跑，我搭载的重型装甲，或许一拳就能把你的脑袋轰飞！"

我无所谓地耸耸肩。"我不过是台轻型机，或许是你想多了。"

朗安丝烦躁地走来走去，他走进了子舱，开始检查通信链路。我知道这将是我最后的机会，我隔着子舱的舱壁，冲着朗安丝高喊了最后一句话：

"你知道我为什么要选择这款轻机甲搭载意识场吗？"

朗安丝的脸上露出惊愕，我不知道他有没有听到，或是他发现了什么，我只是深吸了一口气，然后闭上了双眼。

我在生长！

我的躯体在生长！

这台机甲发出拔节般的脆响，噼里啪啦地响成一片。我的身躯在剧烈地拔高，生物组织被撕裂又纠缠，白色的金属裂片分离又聚拢，巨大的疼痛从身体各处传来，我的心神一片空白，无限的痛楚狠狠攫住了我，我一句话都说不出来了。

朗安丝惊异地看着天地间那个迅速生长着的巨人，他的头发长长地飘扬在天地间，他的身躯仿佛一座山峦。他虬结的肌肉和机械组织交织形成奇特的美感，他的呼吸带动着高空的云层，他是一座高塔，是天地间此刻最高远的存在！

"夸父……"朗安丝的声音干涩而颤抖，他听说过这种机甲的名字，它太过久远，太过稀有，以至于很多人忘记了它的名字，以至于朗安丝发出这个名字的时候都难以掌握它正确的音节。他呆呆地看着那个屹立着的巨人，一时手足无措。

夸父！他听说过这个名字。他知道这曾是最早的开拓者使用的机甲，用血肉和机械长成高山，把目的生物的讯号发往四面八方。

他知道这个名字在母语里的含义——那个伟大而无私的神灵，放弃了自己的肉体和神识，将生的希望播撒向四面八方。

我从手心里慢慢捻起那支石英管的复制品，从我见到那支石英管的第一天，这枚复制品就被刻下，深深藏在我的胸口。我把它插进了自己胸口的凹槽，有什么东西破碎了，但更多的东西在发芽。久远的科技依然可靠，它们启动了，我感受到意识深处一浪高过一浪的炽热的痛楚，我知道这台机甲对我意识场的蚕食开始了。

我的意识场在变化，它们发出了能量不高的意识波。近处的生成器被启动了，一团血肉在凝集。我居高临下地俯视着小小的子舱，然后发出了一声惊天动地的咆哮。

我的生命在流逝，我感受到迅速离我而去的生命力。我高呼一声，然后看到了西方那一片血红的残阳。那颗红色的恒星让我看到了希望，在死亡中诞生的生存的希望。

我抬起了腿。

我迈开了步。

我脚下的一切都在颤抖，它们在我的脚步下匍匐。我冲着那颗坠落的恒星疯狂地跑去，好让我强度不够的意识波传向四面八方。一个接着一个的生成器启动了，它们发出炫目的光芒，血肉在形成，还有绿叶和花朵，那些灵巧而敏捷的小兽。他们注视着我。

江河在干涸，我迈过巨大的江，越过巨大的湖，我的脚掌掀起滔天巨浪，它们在我的身后迅速干涸，被用作生成血肉的原料。溅起的波涛来不及坠落就成了新的组织和器官，涌起的巨浪来不及走远就成了红的花和绿的叶。

跑，跑啊！我的每一个细胞都在呐喊，我的每一根毛发都在嘶嚎！无限的痛苦占据了我的全部意识，然而我是幸福的，我知道我终于和他们一样了，我也是一个有信仰的人了！

跑，跑啊！我的脚掌在针刺般地剧痛，组织被磨损留下的血水模糊了我的眼，沾染了我的发。然而我的心中只剩下奔跑二字，无论如何，我要跑下去！

跑，跑啊！那颗恒星火热的目光注视着我，我忽然不再疼痛了，洛伊尔也曾给过我这样的目光，火热的心灵，火热的眼睛，火热的话语。我终于成为你曾认为的那个人了，你看到了吗，洛伊尔？

跑啊，跑啊！我知道当发生器用尽了它们的能源，一切都将结束，母舰将会因为能源枯竭不得不返程，他们的归来将会是很久很久以后，或许是永远。我要跑下去，我知道我每多走出一步，就会有更多的本来属于这里的生命归来。

我终于跑不动了。

我剧烈地喘息着，那根石英管带着中枢套从我的胸口掉了下去，滚了很远。我挣扎着跪下，捡起它们，却无论如何再也站不起来。

那颗恒星还在下落着，她注视着我。

血混着云，无穷无尽。

光裹着热，无边无际。

我拼尽全力，把手中的石英管狠狠地扔了出去。在我目力最远能及之处，一个生成器接收到了信号。它运转起来，发出耀眼的光芒。一片葱郁的绿色迅速诞生了，我不知道它们的名字，但我看到了那一片绿色中夹杂的鲜艳的桃红色，它们让我感受到了生的希望，信仰的光明，还有无限的温暖和满足。

我发出一声悠长的叹息，我的身躯砸落在地面上，扬起遮天蔽日的灰尘。高大的山峦后面，恒星坠落的趋势已经不可阻挡。恍恍惚惚之间，我听到了无比熟悉的稚嫩的童音：

"祖父，我好害怕，太阳落下去了，天就要黑了！"

"孩子，别害怕。无论黑夜有多长，太阳总会升起来的。

"记住，有了太阳，就永远有希望，有了希望，就能拥有一切……"

无论黑夜有多长，太阳总会升起来的。

我轻轻眨了眨眼，在破碎的面庞上，挣扎着露出一个幸福的微笑。

> 父与日逐走，入日；渴，欲得饮，饮于河、渭；河、渭不足，北饮大泽。未至，道渴而死。弃其杖，化为邓林。
>
> ——《山海经·海外北经》

> 夸父不量力，欲追日影，逐之于隅谷之际。渴欲得饮，赴饮河、渭。河、渭不足，将走北饮大泽。未至，道渴而死。弃其杖，尸膏肉所浸，生邓林。邓林弥广数千里焉。
>
> ——《列子·汤问》

零

文／刘　琦

　　我不知道他在哪里。我们失去了联系。我们在同一片
沙漠里，在寻找的也许是同一眼泉水，但相互看不见，总
是孤零零的一个人。我之所以这么说，是因为要是我们在
一起的话，沙漠就不再会是沙漠了。

——格雷厄姆·格林《恋情的终结》

一

　　老人站在空旷的沙漠里，凛冽的寒风从四面吹来，那些风带着
呼啸的哨声，像一支支尖刀扎在老人的身上，冰凉的沙粒被风裹挟
着扬起，凌厉地抽打在老人的脸上，尽管老人穿得很厚，但那些沙
粒仍然从缝隙中钻了进去，顺着皮肤扎进老人的神经，老人却丝毫

不为所动，他像一尊历经过亿万年岁月的石像，静静地站在原地，呆滞地看着西方的位置。

西方，太阳落山的方向，也是他在等的那个人应该出现的方向。

老人的双眼没有戴任何东西来防护，任凭那些沙粒刺激着他的眼皮，但他也很少眨眼，他似乎已经失去了痛感，感觉不到这些刺激和疼痛，他只是用力睁着浑浊的双眼，紧紧盯着西方。

三零三曾经劝过他，让他戴上防护镜再出来，这样对眼睛好一些，但老人没有听，他很固执，他有自己的想法。

如果她出现了，我就能更早看清，老人想，能早看清一秒，即使眼睛受到损害，也是值得我付出的代价。

太阳快隐没到地平线以下了，低垂的夕阳散发出微弱的红光，照在沙漠里，也照在老人身上，在老人的背后拉出了细细长长的影子，在空寂的沙漠和细长影子的衬托下，老人显得更加孤独和渺小。

老人在这里站了很长时间，但是这一天和往常的任何一天没有区别，西方有的只是斜阳和寒风，没有任何人出现过，老人的心里没有失望，他的失望在很多年前就已经消磨光了。

老人感觉到一只手搭在了他的背上，他没有回头，他知道，在这片沙漠里活着的，除了他，只有三零三。

三零三是一台超市用仿生型机器人，编号 CRPS303，老人就叫它三零三。

"先生，该回去了。"

"我还不累。"

"先生，两个小时是您耐受辐射的最长时间，再过几分钟就会产生不适感。"

"已经过去了这么多年，辐射也该减轻了吧？"

"先生，辐射的确比 30 年前减轻了 12%，但别忘了，您现在也老了。"

三零三说得对，老人想，这些年来，自己身体衰老的速度，远远比辐射衰减的速度快，那件事刚发生的时候，他能在外面站上五个小时，可后来能在外面的时间也越来越短，到现在才两个小时，他就开始有眩晕感了。

"再等 10 分钟吧。"老人坚持道，"再等 10 分钟我们就回去。"

三零三不说话了，它安静地站在老人身后，陪着他一起往西面的方向看去，那里除了夕阳，什么也没有。

老人又等了十分钟，开始感到恶心，他慢慢回过身来，扶住了机器人的肩膀，然后弯着腰痛苦地咳了起来，几滴血伴随着老人剧烈的喘息，从口腔里溅射了出来。

"先生，我建议您尽快回去。"三零三用仅剩的一只左手轻轻拍打着老人的肩膀，又对他说："数据显示，如果再停留 20 分钟，您存活的几率将降低到 30%。"

"我的确老了。"老人不咳了，他直起身，从口袋里掏出一枚白色手帕，轻轻擦拭干净嘴角的鲜血，又平缓地喘了几口气，然后说道："我们回去吧。"

机器人和老人并排走在沙漠里，他们背后的太阳已经完全隐去，面前的影子也变得影影绰绰，他们走到一个插着黑色旗帜的地方，机器人弯下腰，从平坦的沙漠里拉起了一扇巨大的铁门，那铁门通向幽深的地底，老人慢慢走下去，机器人跟在后面，也走了进去，他们背后的那扇铁门又重新关闭，沙漠再次被隔绝在了外面。

铁门隔绝的，还有整整 30 年的时光。

二

那件事发生在 30 年前。

那时是一个繁华的世界，他也是个活力四射的年轻人，在一间自动化超市里做收银员，超市里只有他一个人类，还有机器人三零三。那天他把自己养的花摆在超市的收银台前，用营养素仔细浇灌着，这些花是他送给女友的礼物，女友明天就要从另一个城市来看他，他兴奋地期待着重逢。

晚上九点钟，超市到了清点的时候。

"三零三！"他喊了一声，"我们该关门了。"

三零三从货架的地方冒出头来，带着机器人特有的僵硬节奏，一步一顿地往正门走去。

事情就在那时发生了。

"先生！快过来看！"

他跑过去，顺着机器人指的方向抬头看去，然后他呆住了。

天空中有无数激光一样的射线，从夜空的深处发射出来，它们把夜空照得如同白昼。那些光有节奏地晃动着，它们接触到建筑，钢筋水泥的现代建筑瞬间变成了黄色的沙粒，哗啦啦地从半空中坍塌下来，沙粒触碰到路面，行人和汽车也跟着变成了一堆软绵绵的沙粒。

激光带着骇人的死亡色彩，从远处扫过来，向着超市所在的位置迅疾地移动过来。

他反应过来："三零三，快跑去地下室！"

他迈开步子，往地下室的位置跑去，三零三跟在他后面，跑到半路的位置，他突然停下了，回过头去高声喊叫："我必须去拿那些花！"

三零三拦住了他，对他说道："先生，我去帮您拿那些花吧！"

他还想说话，但三零三已经往回跑了，机器人仍然是一步一顿，迈着滑稽的步伐。

他又回过头去，跑到了地下室的位置，用力打开那扇平铺在地上的厚厚的大铁门，然后钻了进去，他没有关门，站在下面等着三零三回来。

他听到轰隆隆的声音传来，越来越响，他似乎闻到了沙子的味道，那味道还带着死亡的气息。然后三零三跳了进来，它把几盆花抱在胸前，大喊道："先生，快往后靠，它们来了！"

他往后退了两步，三零三的右臂抓住大铁门的内侧把手，用力往下拽，那些沙子灌注了进来，溅落到三零三的右臂上，终于，铁门轰地一声关上了。

三零三带着僵硬的微笑看着他，它的左臂还弯成环状抱着几盆花，但它的右臂已经被沙粒腐蚀出许多细微的孔洞，从孔洞里冒出丝丝白烟和电路烧灼的味道。

三零三尝试移动右臂，但没有成功，它把花放在了地上，伸出左臂，在右臂和肩膀的连接处熟练地操作了几下，那只残破的右臂就被卸了下来，它抬起头说：

"那些沙粒能腐蚀金属，我右臂里的电路已经被完全损毁了。"

但那三盆花还很完好，在营养素的滋润下，反射着柔和美丽的色彩。

头顶还在传来轰隆隆的声音，他们两人面对面仔细倾听着，那声音是吞噬生命和建筑的声音，是死亡的声音。

"你知道那是什么吗？"他问。

"不知道，我和很多基站都失去了联系，现在只有一架同步轨道卫星和我保持连接。我检测了一下它的元数据，它能统计天气和地理数据，也能传输电视信号，另外，它还能统计人类的数量。"

"还有这个功能？"

"您应该知道，每个人出生后都会被植入一枚芯片，芯片时刻监控人体的生命体征，一旦出现异常就会发出信号，信号会被那颗卫星捕捉到，它统计数据，然后做出汇总。"

"你能从它那里获取这些数据吗？"

"以前不能，数据都是加密的，但在几分钟前，主控中心给这颗卫星发出了一条指令，让它解除加密，以公开的方式向所有能接收到信号的载体共享数据。"

"那让我看看外面发生了什么。"

三零三不说话了，它正把大部分能量转移到信号接收器和数据处理器上，那些数据量很大，地下室里陷入了沉默，他耐心地等待着，几分钟后，三零三又说话了：

"我看到了大陆在迅速地沙漠化，先是孤立的一片，然后那些小片的沙漠连成一大片，成为更大的沙漠，继续扩张下去。"

"那海呢？"他又问，他想到了海，海水占地球表面积的71%，如果这场灾难真的是全球性的，海洋也不可能完好无损。

"海在迅速地枯竭，先生。那些海水都蒸发掉了，通过卫星，我看到了沟壑纵横的海床，海床也在迅速地转变成沙漠。"

他惊讶地说不出话来。

他沉默了良久，尝试着接受这个骇人的事实，然后他又问三零三："还有多少人活着？"

他的心脏猛地跳动起来，手心里渗出黏湿的汗液，他等待着三零三回答，等着命运对自己做出最终的审判，但愿我不是唯一的活人，他在心里默默祈祷。

三零三没有说话，它胸前的显示屏上显示出了一行字，那行字闪动着，等着他去阅读。

剩余：12450 人。

他缓缓吐出了一口气，攥紧的手心也放开了，心跳又重新放缓，恢复了正常的频率。12450 人，看着这串很简洁的数字，他想，虽然很少，虽然只有极少数的人类活了下来，但她可能也还活着。

三

他睡了很长的一觉，然后醒了过来，昨天的经历仿佛一场怪异的梦境，让他不敢相信那是事实，他打量着周围，看着地下室的墙壁和缺少右臂的机器人，他知道，那件事的确发生过了。

"您醒了，先生。"三零三坐在它旁边，用水壶小心翼翼地喷着他的三盆花。

"你从哪拿到的水壶？"他期待从三零三那里得到一点好消息。

"先生，这里是超市的大仓库，什么都有。"

"可是为什么还有电？灾难会毁了发电站和电网。"

"先生，地下室在五米深的位置，配备着独立的核电能源输出装置和完整的水氧循环系统。超市的创始人是一个很多疑的人，他认为核战争迟早会爆发，他狂热地在每家超市下面都配备了这样一套仓库。"

"我以前在小说中看到过和昨晚类似的场景，那些作者都在努力提醒人类，要我们警惕从外面来的灾难，因为那种灾难一旦到来，将是全球性的毁灭，根本来不及反应。没想到虚构的故事现在成了现实，人类真的没有任何反应，就这样灭亡了。"他伤感起来。

"并不是所有人都死掉了，先生，您不是还活着吗？我检查了地下室的物资，这里存储的食物和水，再加上这套完善的生命维生系统，足够你生活 120 年。"

"也许你能活到 120 年后，我很快就会死了。"

"为什么，先生？"

"你看到那几盆花了吗？它们应该在我女友的怀里，没有她，我觉得自己也活不了多久。"他盯着那几盆花看了很长时间，然后突然跳了起来，像是发疯似地自言自语道："她还活着，我要去找她，也许她现在正在外面的沙漠里，孤独无助地等待救援。"

他从仓库里找出了一个背包，往里面塞了很多食物，急不可耐地往外面走。

三零三拦住了他，"先生，卫星监测到外面有辐射尘，如果您出去，很快就会死掉。"

"如果我不找到她，我也会死掉！让开，三零三。"他说。

"先生，我通过卫星监测，观察到周围 100 公里的范围内都没有活人的信号，你不可能找到她。"

"也许卫星遗漏了她。给我一次机会，三零三，让我证明你是错的。"他坚持道。

然后三零三让开了。

他缓步走上阶梯，推开了那扇铁门，黄沙飞舞着从外面灌进来，不管是谁造成的这场灾难，现在事情已经过去了，这些沙子不再有腐蚀性，留在地表的，也只是普通的沙漠。

他看了看表，确认了时间和方向，然后向着西边走去了。

他不记得自己走了多长时间，也许几个小时，也许几天，他感到双腿越来越重，像是灌铅一般沉重，他迈不开腿，最重要的是，他已经分不清方向了，黄沙遮蔽了太阳，疲惫和辐射侵袭着他的身体和意识。但他仍在坚持着，徒劳地往前走着，他的内心被一种情感驱动着，那情感不是求生的本能，因为本能在让他往回走，但那种情感却在驱使着他往前走。他感到头晕，也感到恶心，他尝试着去拿一瓶水，滋润一下干涸流血的双唇，但他的双手颤抖着，始终没有力气打开背包。

零，你在哪？他在心里默默呼唤。

零，那是她的名字，一个看起来空无一物但又让他充满期待的美好名字。

呼吸也变得困难了，意识越来越无法凝聚，沙粒还在抽打着他，他却已经感觉不到疼痛了。他站在原地，还想迈出一步，但迈不动了，肌肉不再听他大脑的指挥，他单腿跪了下来，然后是另一只腿，现在他双膝埋在沙漠里，双手支撑着地面。

不能倒下，如果倒下，我就再也起不来了，他即将飘散的意识努力地给身体做出暗示。

他又支撑了一会儿，然后双臂开始颤抖起来，终于，他支撑不住了，摇摇晃晃地向地面栽去。

一段无意识的空白。

一段混乱黑暗的梦境。

然后他的意识又回来了。

他感到有个人蹲在他旁边，正在给他嘴里滴水，他颤颤巍巍地伸出手，想抚摸那个人，他张开虚弱的嘴，吐出一句微弱的话：

"零。我找到你了……"

"先生，是我。"那个熟悉的机械音传来，他慢慢睁开双眼，看到了机器人三零三。

"三零三，我记得自己躺在了沙漠里。"

"先生，我一直在您后面两千米的距离跟着，通过卫星监控着你的生命体征。我察觉到你晕了过去，就把你从沙漠里拖了回来。"三零三说着，又给他嘴里喂了几滴水。

"我走了多远？"他问。

"先生，您走了五个小时，但只走出 10 公里，您迷路了，一直在打转。"

"哦……"他失望地说："看来我走不出去了。"

"先生，这片沙漠覆盖了整个地球，没有人能走出去。"

"我找不到她了，但我还可以等她，三零三，我要好好活着！"他说。

"先生，这才是理性的选择，要好好活着。"

"现在还有多少人活着？"他问。

沉默了几秒钟，三零三胸前的显示屏又亮起来，他看到了那行闪烁的字。

剩余：10332 人。

人数又减少了，但只要数字不是 1，我就还有希望，只要有希望，我就要继续等着她，他想。然后他挣扎着站起来，吃了一点东西，又在临时搭建的床上修养了很多天，才好起来，他的精神和身体恢复后，就开始了在地下室的灾后生活，也开始了在沙漠中的漫长等待。

四

他每天的时间就这样规律地安排着：吃饭、养花，然后在外面站上好几个小时，面向西方的位置，静静地等待，期待着那个身影能够出现。他无数次幻想，幻想她突然出现在西方的地面线，然后他飞奔着跑过去，紧紧拥抱住她，激动地留下喜悦的泪水，哭着对她说道："零，我等你很久了，你终于来了！"

但她始终没有来。

外面有辐射，但那些辐射量很弱，不足以致死，不过待的时间长了，身体也会产生严重不适。最初几年，他能在外面站上四五个小时，但每隔一段时间，他都会在那个时间极限还未到来时就呕吐一番，每次呕吐，他痛苦的表情都会占据着脸庞，仿佛要把自己的灵魂从身体里呕吐出来。这时，三零三就提醒他，他的身体已经衰弱了，要缩减在外面停留的时间，于是他不情愿地把时间缩减十分钟，然后继续等待。

身体的衰弱是不可控的，也不是最重要的，最重要的是精神的折磨，在漫长时光的等待中，他越来越失望，他看着机器人胸前的数字一点点减少下去：

剩余：9820 人。

剩余：3603 人。

剩余：1016 人。

剩余：255 人。

剩余：34 人。

每一次数字的减少，都让他的内心凉一点点，他知道，数字越小，她仍然生还的希望也就越渺茫。他从最初的满怀期待，到后来的内心平静如水，这中间隔着漫长的几十年，在外面等待几个小时，看着西方的落日缓缓进入地面线，已经成了他的一个习惯，一个对自己兑现的诺言，一个还能让自己继续活下去的动力。

然后那数字终于变成了个位数，那是在第 29 年的时候。他想，这些从最初的灾难中活下来的一万多人，在漫长的时光折磨中，不断地死去，他们也许是死于食物缺乏，也许是死于疾病，但最无助的是死于孤独和绝望，他们认为自己就是世界上唯一活着的人，这种无助的感觉，比身体的折磨要痛苦得多。

第 30 年快要来到的时候，那个闪烁的数字从 3 变成了 2，那时他正浇着花。这些花比人坚强，它们活了 30 年，还在努力地活着，如果给它们浇好水，也许它们能一直活下去，他正这样想着，三零三迈着僵硬的步子走了过来。

"先生，现在只剩下两个人活着了。"三零三的胸前闪烁着那行字。

剩余：2 人。

他愣了几秒钟，没有抬头，又继续浇起了花，然后用一种故作轻松的语气回答道："你我都知道，那两个人是谁，一个是我，还有一个是她。"

"先生。"三零三叫了一声，没有继续说下去。

"你想对我说什么，三零三，说吧，我听着呢。"他抬起头，看着三零三的脸，过了 30 年，它一点也没有变老，除了外壳上微弱的锈迹和划痕，它还和 30 年前一样年轻。

"先生……"三零三停顿了几秒钟，"先生，通过卫星监测，剩余的那个人……"

"那个人怎么了？"他追问道。

"那个人在北美洲的位置，不管他是谁，不可能是你在等的那个人。"

然后三零三不说话了，它看着他的嘴角微微抽动了一下，他的眼眶也湿润起来，良久，他才缓缓吐出一句话：

"也许，也许她那天没来见我，而是坐飞机去了美国。"他对三零三说，同时也这样安慰自己道，"她没有如约前来找我，而是去了美国，虽然失约了，但她因此活了下来，所以我不怪她。"

只要她能活着，我就不怪她。

"先生，即使活着的那个人是您等的人，她也不会再回来了，你们隔着整整半个地球，您还要继续等下去吗？"

"我要等，只要还有人活着，我就会继续等下去，因为那个活着的人有可能是她，我不会放弃希望。"他不浇花了，裹上了厚厚的大衣，又走到了外面的沙漠中，像往常一样，继续等了下去。

他又等了一年，时间就要走到第 31 年了。

然后，然后就是昨天的事了。

三零三陪他在外面看了 10 分钟的夕阳，他们就回到了地下室里，这次他咳得很厉害，三零三一直给他递水喝，但他的咳喘一直没有停下来。

"三零三，我才五十多岁，但我感觉自己活不了几天了，我真担心自己活不过明天，留她一个人在这个世界上孤独地活着，还有这些花，我浇了 30 年，如果我死了，你要替我继续浇它们啊，让这些花一直开放到她来这里的那一天……"

"我会做的，先生，您也要好好活着，等着她来找您。"三零三安慰他道。

"还剩两个人是吗，从去年开始就只剩两个人了？"他咳了一口，虚弱地问道。

"是的，先生，跟去年一样，就剩两个人了，一个是您，一个是她，放心吧。"

"我不放心，我想亲眼看看那个数字。"他又咳了起来。

"没必要看了，先生，你要好好休息。"三零三想站起来离开他。

"别走！"他抓住了三零三的左手，用哀求的语气对它说："别走，让我看看那个数字，我不放心。"

三零三没有回答，他突然变得恐慌起来。

"你在骗我，三零三，你在骗我！让我看看，让我看看那个数字……我想亲眼看看，不要再骗我了！"

说着，他哭起来，他的泪水从眼眶里汹涌地流出来，这么多年来，这还是第一次，他失声痛哭了起来，他处在崩溃的边缘，他怕三零三骗他，他担心自己就要失去这么多年活着的动力了，他担心就要失去她了，他感到悲伤与无助。

"我要看看，三零三……让我知道真相！"

然后机器人胸前的屏幕亮了起来。

剩余：1 人。

等了整整 30 年，现在他还是失去她了。

他看着那行字闪烁着，盯着它看了足足五分钟，然后他擦干了眼泪，他抬起头问三零三："从什么时候开始的？"

"从 10 个月前开始的，先生。"三零三回答道："10 个月又 3 天之前，我收到了卫星的数据，北美洲的那个生命信号消失了，从那时起，您就是整个地球唯一活着的人类了。"

"为什么不告诉我？"他问。

"我不想让您失去希望，先生，您要好好活着。"三零三说。

"早在 10 个月前，我就该死掉了，可是我又苟活了 10 个月，独自一个人站在沙漠里，毫无希望地等待着。"

"即使她活着，您也等不到她了，您等了她 30 年，即使没有她，您依然可以活下去的。"

"我知道了，三零三，谢谢你告诉我真相，而不是一直欺骗我。我困了，要睡觉了。"

三零三离开了他，然后他就睡着了，在内心的深处，他觉得自己解脱了，彻底摆脱了捆绑他整整 30 年的命运枷锁，他的梦很轻，这还是这么多年来唯一一次，他没有在梦中梦到她。

五

第二天他很早就醒了过来，他穿上厚厚的外衣和围巾，准备出门，三零三正坐在墙边充电，它看到他要走出去，就问道："今天还要继续等吗？先生。"

"不等了。"他的神情很愉快，仿佛卸下了多年的疲惫，他对三零三说："不等了，所以我不用下午去了，我想早晨出去，看看朝阳，好多年没见过朝阳了。"

"先生，我留在这里充电，休眠几个小时，如果有事情，您可以唤醒我。"

"如果你醒了，就浇浇花吧。"他只说了这一句话，就裹紧外衣，打开铁门，再一次走了出去。

他的确有好多年没有见过朝阳了，那些太阳光穿透飞舞的黄沙，刺得他睁不开眼睛。他在沙漠里站了很长时间，要比两小时长得多，三零三还在休眠，没有来叫他回去。他现在也不想回去，他站在原地，看着太阳从东方一点点升至中空，他回忆起过去的点点滴滴，那些生活像是细碎缥缈的梦，让他觉得十分不真切。灾难发生后的 30 年，就像是重复过一万次的一天，每天都是一样的生活，灾难发生前的那些年，那时还有她，留在他记忆里的唯一一点柔软。他努力回忆着她的面容，但令他惊讶的是，他已经记不起她的长相，缠绕了他记忆 30 年的人，到头来，只是一个没有脸庞的幽灵。

他看到西方的地平线有阴影，那阴影是一个婀娜多姿的女子，她走得很快，仿佛一瞬间，就走到了他的面前。

"你在干什么？"她问。

"我在等一个人。"他回答。

"等谁？"

"零。"

"她长什么样？"

"不记得了。"

"你知道我是谁吗？"

"不知道。"

"我就是零，你在等我吗？"

"我在等你。"

"那我们走吧。"

"走吧。"

于是他和她手挽着手，一起走进了沙漠，他跟着她，把他 30 年的生活抛在了身后。

尾声

一个微弱的反馈信号从地面升起，穿透层层叠叠的黄沙和大气，一路飘荡到同步轨道的位置，那颗卫星接收到了信号，它稍作处理和分析，便把信号以另一种可理解的格式放大，向它下面 36000 公里的位置发出去。

三零三的信号接收器接收到了一丝信号，这信号打断了它的休眠程序，把它唤醒了。接收器把信号送到中央处理器进行解码分析，这过程很快，处理的结果沿着电路，从大脑的位置传递到胸前的位置，激活了那里的显示屏，上面闪烁着一行字，那行字从此再也没有变化过：

剩余：零。

零，万物归于虚无的数字，也是他等的那个人的名字。

三零三接收到了结果，它睁开双眼，扫视了一下四周，那几盆花安静地在它左边摆着，还在努力地绽放着。

"如果你醒了，就浇浇花吧。"

它又想起他出门前留给它的这句话，三零三站起来，用水壶仔细地浇着花，它浇了一会儿，就转过身去，一步一顿地向门外走去了。

缺席审判

文／美菲斯特

楔子：

　　法庭上，检察官出示的证据越来越不利于被告，柳伊诺盯着投影屏幕上滚动的案发现场照片，下意识地松松领口，她往旁边一摸，却如烫伤般缩回手指——被告席上空无一人，那女孩还在重症监护室里，难道要在缺席审判中被判死刑吗？柳伊诺转头看看赵维，赵维脸上波澜不惊，她在心里大喊："师父，难道我们第一次做辩护人，就要坐视那女孩死去吗？"

一

　　火星闻名的沙尘暴如黑墙般推进，暗红色沙砾将环城管道的外壁打得微微颤动，在直径 6 米的管道中行驶的城际列车也在颤抖，一名戴着黑色口罩的乘客紧张地望着车顶。黑口罩紧紧攥着座椅扶手，并不是害怕似乎经不住沙暴的管道列车，似乎另有心事，刚一到站，他挤下车门，打一辆出租车心急火燎地赶往医院。

赵维和柳伊诺正在现场勘察，昨天晚上，李笑的上司、火星 11 区的议长鲍罗廷遇害身亡，当时两人身处环城管道的私家车内。

火星的大气中二氧化碳占 96% 以上，稀薄的大气中充满电离辐射，火星居民不得不仰赖四通八达的环城管道保障私家车通勤。昨晚上鲍罗廷正是和李笑同乘一辆本茨 900 商务车，里面有迷你酒柜、按摩椅、立体音响，这样的豪华座驾完全是自动驾驶，只要报出目的地，AI 便可自动寻路，无论在防护罩覆盖的火星城内，还是在蜘蛛网般的环城管道内，本茨 900 的量子计算机都能应对各种情况。

火星稀薄的大气无法抵御各种肆无忌惮的辐射，各个殖民点的建筑向地下延伸，只有五六层楼露在地表外，更多的十几层楼如根须般扩展到地下。坐在加装额外防辐射护甲的警车里，柳伊诺看看投影外面景物的大屏幕，数百亿六边形的模块连缀成片，将 11 区殖民点保护在半球形防护罩之中。

防护罩在离地 500 米达到高点，间或有伽马射线等粒子束冲击在防护罩上，激起北极光般绚烂的帷幕，蜂巢状的模块如一片片马赛克，淡紫色、浅黄色和蓝色的光芒在穹顶上流淌、闪耀、湮没，令人联想到圣父、圣子的身影。如果有信徒看到这一幕，恐怕会想起西斯廷教堂的穹顶壁画。然而柳伊诺无心观赏，这次的案子有些棘手，她偷眼瞧瞧赵维，好在师父和平时一样镇定，在警用 PAD 上翻看数据。她任由警车进入自动驾驶模式，自己回忆起刚才在路政部门调取的监控录像。

火星路政部门对环城管道监管极严，每一辆出入的私家车都会强制留下载员信息，根据起止点的监控拍摄，无论入口还是出口，在车上的只有鲍罗廷和李笑。只不过活着的两人进去，一死一昏迷地被救出来。

整个过程中，本茨900在环城管道内以每小时80-120公里的速度飞驰，为避免火星大沙尘暴、陨石雨和电离辐射的戕害，管道壁能抵抗30000吨当量TNT的冲击，所以说，假如有第三人穿过坚固的环城管道、登上飞驰的本茨900，杀一人之后又全身而退，是不可能的。

鲍罗廷因窒息而死，脖颈上有掐的痕迹，所以上一批警察的结论是，李笑掐死鲍罗廷，而李笑自己因为先前被酒柜砸到头部，昏迷过去。但赵维觉得这结论太过荒谬，提出复核，于是火星11区警察局顺水推舟地将此案推给特殊罪案调查科。柳伊诺仔细一想，上一批警察摆明了让李笑当杀人案的替罪羊，虽然一再制止自己往暧昧的方向想，但同为脆弱的女生，她还是止不住以最坏的恶意揣测鲍罗廷——李笑的衣服有被撕扯的裂痕，身上有抓伤的瘀痕，这明显有性侵的嫌疑。

根据法医验伤，最令柳伊诺恼怒的是，鲍罗廷曾经用迷你酒柜砸中李笑左额，虽说酒柜里已经没有酒罐酒瓶，尽管火星重力只有地球的五分之一，但小的酒柜仍然给李笑造成脑震荡，至今还在医院里昏迷不醒。

现在11区检察院以"防卫过当"起诉李笑，而李笑本人无法提供任何证词，她的父母远在地球，火星混乱的执法体系让赵维和柳伊诺替她做无罪辩护。

现在，李笑像只小绵羊躺在案板上，火星执法局不在乎卖给位高权重的议长家属一个人情，毁掉女孩的后半生。

柳伊诺对 11 区这种检方和警察打擂台的做法十分不满，可她知道如果不硬着头皮上，尚在抢救的李笑将被任意定罪——她想起李笑的照片，娇小的脸庞上眼睛弯弯的，梨涡绽放在唇角，似乎像天真未凿的璞玉。现在笼罩在俏脸上的只有脱却血色的惨白，还有额角上触目惊心的伤口，不知何时笑容才能回到她和她家人唇上……

李笑的男朋友至今没有出现，是畏惧火星参议院的权势，还是想抛弃重症昏迷的女友？柳伊诺咬咬嘴唇，下意识地偷看赵维，暗忖：师父会在关键时刻抛弃我吗？

她又想起与前一波办案警察在勘察现场交接时，出现一个白种人，身材高大，头发淡金色，瞳仁浅蓝色，留着大鬓角，从体格上看，是日耳曼人。他竟然能越过封锁线进入现场，赵维"请"他离开，对方自称海因茨，是本茨公司驻火星分公司的主任："此次事关本公司产品的声誉，特派我来此处理，此案……。"

赵维不愿透露更多，坚持礼送海因茨出去，埋怨地看看 11 区分局的办案警察许正，许正恍如不见，似乎警察之外的人进入封锁线只道是寻常。

而许正的结论是："鲍罗廷身上有抓挠的痕迹，主要集中于肩头、脖颈和脸部。李笑衣衫前襟被扯开，在惊恐之下挣脱重压，掐死鲍罗廷。"。

柳伊诺当即反问："鲍罗廷是个体重 200 斤的大胖子，李笑被迷你酒柜击中头部，怎么能在头脑昏沉的情况下挣脱鲍罗廷，并且反制住他，在不遭到反击的情况下将他掐死？然后才昏迷过去？"

"或许李笑是假装昏迷，哼哼，就这昏迷可以伪装。"许正办完案件移交手续，甩锅之后幸灾乐祸而去，赵维冷笑一声，带着愤愤不平的徒弟开始查案。

然而他们并未取得足以逆转的证据，眼看时间不多，柳伊诺心里隐隐作痛：难道李笑要在缺席审判的情况下被判过失杀人罪吗？

二

火星各行政区划实行议院制，为避嫌鲍罗廷 11 区议长的身份，案件审理在火星第 7 区地方法院举行，不过柳伊诺听说，第 7 区地方法院的法官与鲍罗廷家族过从甚密，如果没有铁证，只怕判决结果和许正先前调查的一样。

庭审当日，法官克劳福德端坐在审判长席位上，他保留了英国法官戴假发的习惯，灰白的卷发垂在胖脸两侧，像只老海狮坐在珊瑚宝座上。

柳伊诺早早来到法院，她看到检方公诉人是韩裔朴在熙，这人对华裔向来鸡蛋里挑骨头。朴在熙也注意到她，扁平脸上两道猥琐的目光向她望来，柳伊诺转过身假装没看到朴在熙的扁平脸庞。这时她看到赵维姗姗来迟，赶紧迎上去问："有可以逆转的证据了？"

"没有，我来时环城轨道交通堵塞，迟到了。"

"……"

刺耳的铃声响起，众人涌入法庭，柳伊诺坐到辩方席上，看到朴在熙和证人席上的许正打招呼。克劳福德法官敲敲木槌，法庭内顿时鸦雀无声。

首先由公诉人发言，朴在熙将 PAD 中的照片投影到屏幕上，说："从环城轨道管道出口的监控看，当李笑从本茨 900 中被抬出时，衣服有被剧烈撕扯过，不排除鲍罗廷企图在车上实施性侵，但他还未得手，在深度醉酒中被掐死。"

望着照片上衣衫凌乱的李笑，柳伊诺有点明白了，朴在熙要将鲍罗廷没有反抗即被掐死的原因归咎于醉酒，并且一再强调性侵未遂，他在营造鲍罗廷酒后无辜的形象。

"鲍罗廷在上车之前已经醉酒，据尸检，血液中酒精浓度极高，身体肥胖、难以保持平衡，被李笑推开或者踢开，都有可能。"

检方接着出示奔驰 900 上的照片："根据现场勘察，鲍罗廷最终倒在本茨轿车平放的按摩椅上，整张可调式按摩椅适应他肥胖的体型，使得他五分之一的身躯陷在里面，李笑在那时掐住他脖颈直到他窒息而亡。据推测，李笑在做完这一切后支持不住，昏迷过去，直至本茨 900 自动行驶到环城管道出口，路政值班员发现异状、报警。监控显示，没有人上下车辆。"

接着路政值班员作为证人发言，克劳福德同意。

朴在熙转向赵维："辩护方主张另外有凶手，请拿出确凿的证据。"

"确凿"二字咬得特别重，克劳福德也问赵维："辩护方，请拿出支持你方主张的证据。"

赵维表示暂时拿不出证据，请庭上等待一会儿，旁听席有人开始窃窃私语。柳伊诺紧张地环顾旁听席，她忽然看到一个熟悉的身影，淡金色头发和大鬓角令她想起，是在勘察现场遇到的海因茨。

"他来干什么？仅仅因为凶杀案发生在本茨 900 上吗？"柳伊诺没来得及细想，听到赵维说："请求休庭。"

休庭期间，柳伊诺很想问问师父在等什么，而赵维匆匆走出法院，直到庭审开始的铃声响起，他才匆匆回来，柳伊诺看到他怀里多了个小盒子。

第二次庭审开始，朴在熙一上来就不留情面地问："赵警官为什么想方设法地拖延？或许因为李笑和他都是中国人，赵警官想尽量拖后对杀人犯同胞的制裁，可惜他无法提供另有凶手的证据。"

赵维打断他说："杀死鲍威尔的，不一定是人类。"

全场哗然，群议汹汹，克劳福德法官敲击木槌："肃静，肃静！"

朴在熙双臂抱在胸前，用关爱傻子的眼神看着赵维。许正有些反感，看起来他不愿意同胞被韩国人看扁，但似乎他也无法苟同赵维的说法。

唯有海因茨在人群中紧皱眉头，手指在鬓角上不安地摩擦。

赵维不为所动："本茨900具备高度的人工智能，如何约束AI不至于胡乱作为，没有成功的先例。设计师采用三条看似逻辑无懈可击的箴言，作为本茨900判断及行动的底线。"

朴在熙问："什么三条'箴言'？机器人又不是神棍。"

赵维淡淡地说："机器人三定律即'箴言'。"

朴在熙嘲讽道："你是说本茨900的AI采用机器人三定律？这只是阿瑟克拉克的科幻小说而已。"

"不是阿瑟克拉克，是阿西莫夫提出的，他在一系列机器人小说中提出各种'三定律'的思维实验。根据第一定律，机器人不得伤害人类个体，或因不作为致使人类个体受到伤害。"

赵维略微提高声调："酒后乱性的鲍罗廷对李笑欲行不轨，在女孩激烈反抗时，指甲划破他的脸部和脖子。恼羞成怒的鲍罗廷操起迷你酒柜砸中她头部，李笑在那时已经昏迷，鲍罗廷加快撕扯女孩衣衫的动作。本茨900无法坐视李笑被进一步伤害，但那时已经行驶在环城管道中，亦无法停车或将鲍罗廷弹出车外，幸亏车内有人体工学按摩椅，靠背和坐垫能够自动适应人体的形状，给需要按摩的人形成与身体表面完全贴合的模子。

"可变换形状的按摩椅从后面展开，迅速适应鲍罗廷后脑勺、脖颈和后背的形状，像八爪鱼般想将他从李笑身上拖开。但鲍罗廷体重超过 200 斤，加上醉酒难以保持平衡，于是，按摩椅靠背在颈部两侧的部分形成一双触手，紧紧卡住鲍罗廷肥厚的脖子，他甚至没来得及叫出声，只能张大嘴、两手乱抓。酒品极差的鲍罗廷拼命挣扎，用拳头和肘部击打按摩椅，本茨 900 判断鲍罗廷不仅会伤害李笑，还会对自身造成极大伤害，这是在难以停车的环城轨道中，发酒疯的人一旦砸破玻璃或是打开车门，后果不堪设想。"

法庭内一片寂静，屏气凝神地听着赵维的辩词："根据第二定律，机器人必须服从人给予它的命令，当该命令与第一定律冲突时例外。而鲍罗廷没有说"放开我"或是"停下"，更何况如果放开鲍罗廷，将导致一个女孩遭受不堪设想的后果。

"根据第二定律，机器人在不违反第一、第二定律的情况下，必须尽可能保障自己的生存。于是按摩椅紧紧箍住鲍罗廷，导致他脖子卡住，窒息而死，直到这个醉酒的大汉停止动作，看起来就像被人掐死一样。"

朴在熙还要说什么，旁听席上喧嚣声比刚才更大，海因茨再也坐不住，抬身向法庭外走去。克劳福德法官连续敲动木槌："肃静，肃静！辩方，你有什么证据吗？"

赵维从怀里掏出一块固态硬盘，说："这是本茨 900 人工智能系统的拷贝，哪些代码嵌套了机器人三定律，只要查一查就知道。"

他不等其他人说什么，直接走向审判席，作势要将硬盘交给大法官。这时克劳福德法官仿佛听到什么噪音，眉头皱一下，并没有去接那块硬盘，众目睽睽之下，赵维探臂将硬盘伸向法官，而克劳福德似乎目光涣散、置若罔闻。僵持了大约两分钟，克劳福德一敲木槌，宣布："休庭！"

这下案情扑朔迷离，朴在熙和许正在庭外给各自的上司打电话。赵维没有离开法庭，站在两名法警之间，护住怀里的硬盘，柳伊诺靠近他："师父，海因茨的离席，和你的证据有关吗？"

"嗯。"

"克劳福德宣布休庭，也与本茨公司有关？"

"嗯。"

"师父你有没有在听啊？吱一声好不好？"

"吱。"

"……"

三

短暂的五分钟休庭之后，又延长了半小时，在反常地等待了35分钟之后，在渐次褪去的议论声中，戴假发的克劳福德再次坐上审判席，面无表情。赵维一直定定地守护着硬盘，仿佛在提防空气中突然冒出来的敌人。

40分钟前，克劳福德耳蜗里的微型耳机突然传来第7区地方法院院长的声音："不要接受这证据，休庭！"

之后他被领到休息室，克劳福德意识到上司也在被高层耳提面命，他虽然是第7区地方法院的高级法官，但望不透上面密布的云彩，他半闭眼睛，猜想哪块云彩会下雨。

早已经过了五分钟休庭时间，又等了25分钟，第7区地方法院院长推门走进休息室，向克劳福德传达高层对庭审的意见。

灰白打卷的假发已经被汗濡湿，克劳福德像只落水的老绵羊，颤声宣布庭审结果——"无罪。"

李笑得以无罪释放，鲍罗廷的家人想追上去拦住，肥胖的法官跑得比本茨900还快。柳伊诺重重地松了口气，看到一个人影出现在赵维面前，海因茨弯下腰，蓝眼睛像狼一样咄咄逼人："赵维先生，请将硬盘交给我。"

赵维眨眨眼："鲍罗廷的家人很有可能向火星最高法院上诉，这是很重要的呈堂证供。"

"就算他们上诉，仍然是这个结果。"海因茨继续说，"假如你能把它交给我，公司是不会亏待你的。"

赵维平静地说："我不需要什么，但是，李笑现在躺在ICU里，这几天花销巨大。交给我硬盘的那个人，希望有人为此作出赔偿。还有，那个人希望和李笑一起安全离开火星，回地球去。"

海因茨打个电话，对赵维说："没问题。"

赵维说："等那个人带着李笑离开火星以后，我会把硬盘给你。"

海因茨："不行，时间拖得太久了。"

"我以警察的名誉保证，这块硬盘不会落在别人手里。一旦他们两人离开火星，我会把硬盘给你。"

海因茨有些不悦，掏出手机说了几分钟，最终艰难地答应："好吧，但是李笑出院之后，要在我们的视野之内。"

赵维想了想，这样似乎也能逼开鲍罗廷遗留的势力："好吧。"

两人经过朴在熙身边时，韩裔检察官投去怨毒的眼光，柳伊诺尽量不去理会蜥蜴般黏腻的目光，和赵维坐进警车，才问："师父，你哪来的硬盘？"

"李笑的男朋友给我的。"

"啊？是你跟海因茨提到的'那个人'吗？他为什么一直没有出现？"

"他窃取本茨900的AI代码，本身是黑客行为，如果曝露在11

区议会或是鲍罗廷势力的视野之中，会马上没命的。本茨公司现在将他'礼送出境'，但少不了秋后算账。"

"我有点明白了，除了害怕 AI 的代码被公布外，本茨公司也想掩盖贯彻机器人三定律的 AI，如果多行不义的政客、富商坐在车里，或许哪天会被极富正义感的 AI 干掉吧……所以他们不惜通过火星最高法院逼迫克劳福德休庭，也要避免硬盘里的代码公之于众？"

"火星的司法体系和地球不同，人治的色彩更浓厚一些。"赵维说，"当鸡蛋和石头即将碰撞的时候……"

柳伊诺："师父，你是说那时要站在鸡蛋那一边吗？"

赵维："不，当鸡蛋和石头即将碰撞的时候，要想办法引入另一块石头，让石头与石头碰撞，鸡蛋才有机会。"

柳伊诺："师父，你这不是机会主义吗？"

"在鸡蛋没有变成石头前，不要轻易去硬碰硬。"赵维爱护地望着徒弟，傻女孩还带着从学校出来的热情和自信，仿佛凭借自己的光辉能消弭路上的黑暗。

柳伊诺总觉得整个事件有哪里不对，还想问，忽然看到赵维伸手想刮一下自己的鼻子，她下意识地闭上眼，眼睫毛颤抖着。他的手指没有落下，当她睁眼时，赵维已经远在五米之外："收工，走咯。"

"你还没告诉我李笑的男朋友究竟是谁，等等我啊，师父！"柳伊诺急忙赶上。

四

朴在熙心有不甘地带着人在医院潜伏，他将抓住窃取本茨公司代码黑客的宝押在这里，只要抓住李笑的男朋友，或许能扳回一局。

11 区警察局的许正也来了，似乎他也不愿就此失败，朴在熙正扫视周围经过的医生和病人，许正忽然说："那边有个背双肩包、戴着黑色口罩的人，来回转了很多圈，没敢接近这里。"

朴在熙招呼手下向那人悄悄围过去，黑口罩觉察到不妙，转身离开，一边加快步伐一边回头看。朴在熙和手下小跑着追去，那人飞跑起来，在狭窄的过道里躲闪腾挪，身形敏捷。朴在熙粗暴地推开挡路的人，紧咬在后，恨恨地想：今天非抓住你不可！

黑口罩被朴在熙扑倒在地，发出杀猪般的嚎叫，朴在熙掐住他脖子："别鬼叫了！你就是李笑的男朋友？"

黑口罩极力否定："我不知道什么李笑！"

"你为什么在她的病房周围转悠？"

"有人给我 1000 通用币，让我这么做。"

手下纷纷围过来，朴在熙疑惑地问："你们怎么都过来了，病房谁看着？"

"老大，不是你让我们都来抓人的？那警察还说，他在那里看着。"

朴在熙环视四周，少了一个人，他踢开黑口罩，大声说："快回病房那边，快！"

他们被医院的院长带着保安堵在半路，毕竟在医院里横冲直撞引起众怒，愤怒的病人家属气势汹汹地围住他们。这里有重症监护室，有些病人家属就算朴在熙也惹不起，他们和院长说了，让火星检察院亲自来人，领走这些触犯公民健康权的人。

混乱中，一架悬浮担架从病房溜走，径直上了停在医院门口的本茨房车。

得知李笑已经离开医院，海因茨松了口气，他曾经向赵维提出

"李笑出院之后，要在我们的视野之内"，看来赵维是个可信的人，现在轮到他兑现承诺了。

只不过当海因茨看到和李笑一起来到空港坐飞船的人时，他有些明白了，可一切无从追查，更何况硬盘还在赵维手中。

五

朴在熙去追黑口罩了，许正走进病房时，李笑在那里被监视看护。昔日姣好的面容在左额角有一道触目惊心的伤痕，白皙的皮肤上青一块紫一块，氧气面罩扣在裂纹的嘴唇上，只有微弱起伏的胸口，说明一丝生机还萦绕在她体内。

李笑仍是昏迷不醒，许正摘下她的氧气面罩，换上一架微型氧气瓶，将李笑搬到悬浮担架上，推着出了病房，外面已经没有监视者了。

许正深深后悔没早下决心让李笑离职，李笑去应聘11区的议长秘书时，俄裔议长鲍罗廷点名让她留下，许正和李笑还在庆幸找到好工作。后来逐渐听说鲍罗廷及其好色且酒品极差，许正不止一次劝李笑辞职，而他做私家侦探的收入实在难以支撑两个人的房贷，李笑只能想办法调离。

昨晚上李笑陪同鲍罗廷参加欢送地球领事的酒宴，鲍罗廷借口喝多了，让她送他回家，李笑极不情愿，鲍罗廷威胁如果不照办就将她发配到11区边缘的矿坑做监察员，李笑想想深达6000米的矿坑，硬着头皮去送鲍罗廷。

离开酒宴的人只看到李笑颤颤巍巍地将棕熊似的鲍罗廷扶进车里，本茨900车门滑动封闭，将喧嚣与人为营造的热络隔绝在车外。之后，根据路政网络的监控，除了在环城轨道入口处短暂停留，李笑和鲍罗廷露脸拍照，其他时间这辆车一直在行驶，没有第三人上下车，杀人的指控直接指向他的恋人。

真正的麻烦还在后面，许正必须压下熔岩般摧残脏腑的恨意，在极短时间内调动一切资源，为李笑谋一条生路。还好，特殊犯罪调查科的赵维是昔日警官学校的学长，而且他要显出一副甩锅的架势，才能骗过鲍罗廷无孔不入的势力。

他与赵维打擂台的样子，让朴在熙深信不疑，自然也不会注意到他取下本茨 900 的量子电脑，交给黑客解析其中的代码。

许正生怕来不及解析出全部 AI 代码，老学长赵维宽慰他说，只要让该相信的人相信代码已经被解析出来，就足够了。你已经让本茨集团派驻火星的主任海因茨过来了，咱们一个引他入局，一个让他心生疑窦，最后安全护送你和李笑离开火星的事情，还得着落在他身上。

剧本已经写就，角色即将活跃在灰色的舞台上，许正稍显不放心："你的徒弟看起来太年轻，不会走漏风声吧？"

那时，赵维只回了一句："我百分之百地相信柳伊诺，正如你相信我。"

热刺地带

文 / 美菲斯特

一

一艘飞船快速接近"热刺地带",飞船后部树立起两排斜斜排列的马蹄形喷射口,由水平飞行过渡到着陆姿态时,两排喷射口也从水平旋转到垂直位置,更引人注目的是飞船底部的雪橇形起落架。飞船驾驶员一边控制晃晃悠悠的船体,一边吐槽:"水上起落架太影响气动外形了,晃得比得关节炎的老奶妈还厉害。史塔克小姐,这飞船太烂了吧?"

坐在副驾驶位子上的人全身宇航服,戴着面罩:"贾坤,你还是叫我艾莉雅就好了。虽然可控核聚变引擎是旧了些,但功率可是不比别人差,在热刺区域,需要能方便在水上着陆与起飞的飞船。"

贾坤问道："这颗星球推定是以大约十万年为周期，重复着温暖期与冰河期，行星委员会根据此性质认定这是个无生命的行星。'热刺地带'有那么大价值吗？"

"别看现在处于冰河期，行星平均气温零下十五度，表面被冰冠所覆盖，但在某处却奇迹般的发现存在着温暖地带，并且形成了生物圈。在那里，冰冠融化露出一片水域，那地方热能如同看不见的利剑刺破冰层，局部性的热源被确认是因为核裂变反应而产生的，所以被称为'热刺地带'。"

看到贾坤依然听得懵懂，艾莉雅解释道："在自然界，天然的铀矿会因堆积作用而蓄集或浓缩，在到达临界点后开始进行核反应。虽以水为减速材料而抑制其反应，但经过十万多年不断地释放出热能，形成天然的原子炉。在地球的非洲大陆，也发现太古时代的地层上存在过原子炉的痕迹，那是二十亿年前的事了。"

"前面是不是到了？"

右舷出现漂浮在水面上的"浮城"，足有一座中世纪城堡大小，挖掘机、水泵和钻探机在轰轰作响。贾坤看看绘着倒立人形的猩红色旗帜说："那是波顿公司的旗子，到达他们的铀矿挖掘基地了，在它旁边降落吗？"

艾莉雅皱皱鼻子，说："没错，这里就是'热刺地带'，水底已探明的有蕴含率 10% 以上的铀 -235。对于超高品质的矿床，星际蚂蟥波顿家族是不会错过的。"

在挖掘基地内，工程师正向负责人卢斯波顿汇报："水底的铀矿床所释出的辐射剂量在飞速增加，屏幕上明亮的部分是温度上升区域，下方则是地下第二矿床。"

卢斯波顿摸摸脸颊两侧留着的大鬓角，冷冷地说："增加？水位或许有一点下降，充当冷却水的湖水只要减少的话，放射能与温度都会有变化，没什么异常。"

工程师说："波顿先生，这和计算不符，就如同我每次对你说明的一样，要控制这里的核反应，仅依靠湖水根本就不行……"。

卢斯波顿打断他："只要把水坝给完成，将周边的厚冰融化注入就行了。为了挖掘作业，一定要让那个'原子炉'停下来！哪里还有问题吗？"

卢斯波顿越说越激动，苍白的皮肤泛起潮红色，唾沫星子喷得工程师满脸都是："我不想再浪费时间了，我在这里已经当了一年的负责人，却还在试挖掘阶段。你只要想着能早一天把铀矿装入铅容器、送入加工厂就好，不然的话，我和你都会被董事会炒鱿鱼的，懂吗？"

公共频道传来通话请求，卢斯波顿没好气地接通："怎么了？"。

第八组的轮机长望着从湖水白浪中浮出的挖掘机，汇报道："是挖掘机手臂的缆绳，又被切断了。妈的那个臭水母，它破坏湖底围栏进来了。"

卢斯波顿气急败坏地喊道："用深水炸弹，入侵的家伙，一只也不能让它逃掉，把深水炸弹投下去！"

工程师长叹一声，眼睁睁看着基地周边的投射装置将汽油桶大小的深水炸弹投下，过了一两分钟，爆炸的气浪掀起水柱，一米多长的触手和几截"僧帽"漂浮在湖面上。贾坤和艾莉雅正好看到这一幕。

二

旧式飞船停泊在挖掘基地的栈桥边上，一个女孩登上基地，别看她身形娇小，身材却发育得很好，在紧绷的宇航服里荡漾而富有弹性。她戴着裸框眼镜，发丝柔顺地贴在脸上，柔嫩的小脸像蒸滑蛋，粉色嘴唇像滑蛋里的虾仁。而她身后的男人身材高大、满脸胡茬，似乎饱经沧桑。女孩向警卫出示证件："我是'宇宙生物保护委员会'副秘书长，艾莉雅，这是我的助手，贾坤先生。"

贾坤用眼角的余光一撇四个持枪的警卫，心想：如果只有我一个人还能全身而退，还得保护艾莉雅，有点困难……

好在有惊无险地进了控制室，艾莉雅质问道："你在干什么，波顿先生？我们宇宙生物保护委员会已经禁止随意杀戮异星生物。"

"那种金属臭水母另当别论，因为那些家伙的触手，你知道本公司的机械设备蒙受了多大的损失吗？"

贾坤插嘴道："那是因为你们侵入了它们的生存领域，你们到这里时向重金属水母打过招呼吗？"

卢斯波顿狠狠地瞪他一眼，转头对艾莉亚说："史塔克小姐，你应该知道'热刺'区域已经由波顿公司买下了吧，公司利益比起保护臭水母更为优先，《异星资源开拓条例》也有这样的规定啊。"

艾莉雅反驳道："可是你也没有让重金属水母绝种的权利，希望你在我们调查结束之前，不要再有这样的无聊举动。"

打发走了艾莉雅和贾坤两人，卢斯波顿对秘书说："与董事会的泰温先生联络，对那什么……'宇宙生物保护委员会'施加压力，就凭他们也想阻止我"。

老式飞船"斯塔克"号旁边，贾坤乘坐单人潜水艇潜入湖水，他说："越向下潜，水温变得越高，也就是说在水底下，天然铀矿正在燃烧着。"

艾莉雅提醒道："要多加小心啊，即使你穿着防护服，太接近水底还是很危险的。"

"放心，我命硬。"

尾部的螺旋桨卷起浪花，单人潜艇拖着长长的白色尾迹向湖底驶去，贾坤说："好强烈的闪光，好像是珊瑚似的东西在这里存活着。"艾莉雅说："那并非只是一种珊瑚，那里有着'浓缩铀工厂'的绰号。"

"浓缩是什么意思？"

"在这些珊瑚虫活着的期间，吸收了溶解在水中的酸化铀，而它们的尸骸如同珊瑚礁一般堆积，将高品质的铀都集中在一个地方。"

"你的意思是说，它们是生物核燃料桶？别开玩笑了。"

"就是因为这样，才称它们为原子能生命之泉，核反应的热量如果断绝，这里就将被零下二十度的极寒冻结，其他生物也无法生存。"

单人潜水艇的灯柱忽然照亮一大片残骸，如同嶙峋怪石，强韧的藤壶密密麻麻地覆盖在表面，一簇簇海葵和海草蔓延开来，像肥大而贪婪的蜘蛛。

贾坤惊叹道："是重金属水母的尸骸，难不成全是波顿杀的，就像沉船一样，渐渐的在腐蚀。"

"它们的'僧帽'在死后会立即变质。"

"无法分析出是何种金属吗？"

"没办法呀，他们的体重超过一吨，而且只要受到惊吓或者环境的变化很快就会死去，根本无法活捉他们。"

贾坤观测到一具水母的残骸，从腹部的甲壳那儿分成两半，他说："它们或许是卵胎生吧，这是母蟹临死前将子蟹从腹部释放而出的痕迹。"

"波顿公司胡作非为，或许真的会使这些水母绝种。"

"所以才会找你想办法，捕获几只送回去保护啊。"一个异常庞大的黑影突然从残骸中冒出，搅起无数碎屑和泡沫，贾坤此时总算近距离看到重金属水母的全貌——很像地球上的僧帽水母，十二条触手足有十米长，八只复眼分别在直径两米"僧帽"周围。最长的一对触手末端如同抓原木的抓斗，对准单人潜水艇狠劲一抓。

贾坤一推操纵杆，堪堪避过这一击，对着通话器大喊："我要使用泡沫网射枪了，快打开你的引以为傲的飞艇的仓库吧！"

"知道了"

小潜艇发射出水滴体的泡沫网射弹，无数白色的小球附着在水母"僧帽"上，霎时间充气，如白色热气球将水母包裹起来。强大的浮力促使这两百公斤重的水母浮出水面，飞船"史塔克"号打开腹部三叶草形状的舱板，将水母收纳进保育舱。

"这是人类第一次捕获活体重金属水母。"艾莉雅说，"我去把'僧帽'的样本送上分析机，麻烦你帮我取一下分泌物的样本。"

贾坤说："已经把保育舱里的水温、水压和溶解成分都做成与湖底相同的条件了。"

那水母对着他举起触手，贾坤说："想吓唬我不成？是呀，不会再有比你们更强的生物了，既然能在那么多放射能残留的水底下生存，有两把刷子。"

保育舱响起警报，他突然发现水母正在死去，他赶紧调整保育舱内的条件，但还是无能为力，他气急败坏地大骂"混蛋"。

三

在基地外围暴起两簇水柱，十来条的触手突然冒出来，七八只重金属水母卷住吊车狠狠向一边拉扯，吊臂顿时歪斜倒塌，工人被赶得四散而逃。

卢斯波顿气急败坏地说："又是那些家伙，用切削岩石的激光器攻击。让他知道我们不是好惹的！"

　　四股手指粗的绿色激光划出螺旋线，切削沉积岩的激光器不同凡响，将触手烧得滋滋作响，激光切断触手后，又贯穿了水母的身体，它不得不退回水下。

　　贾坤还在保育舱前观察："艾莉雅，捕获的水母已经死了。难不成要把放射能……"

　　艾莉雅发现挖掘基地不太对劲："那边不太对劲，快过来！"

　　挖掘基地投射器全开，向四周发射深水炸弹，接二连三地掀起波浪。艾莉雅在基地频段中大喊："快住手，你疯了不成！"

　　卢斯波顿针锋相对地说："这里有人受伤了，我们是正当防卫。我要把深水炸弹全部丢下去，再也饶不了它们，一定要把它们炸得灰飞烟灭！"

　　艾莉雅大喊："你这个笨蛋，破坏生态平衡后果难以预测！"

　　深水炸弹所落之处腾起阵阵火光，隔着水面也能看到，橘色火焰和白色泡沫像巨大的海葵翻滚、绽放，残肢断臂纷纷上浮，重金属水母死伤惨重。

　　艾莉雅对卢斯波顿毫无办法，只能先捞取水母的残肢断臂回飞船化验，贾坤望着屏幕上不断刷新的检测结果，难以置信地问："这就是水母中的重金属成分吗？"

　　"锂、镉、硼……都是一些易于吸收中性子的金属，连锁反应最不能缺少它们，水母的'僧帽'吸收了大量的中性子，用来防止核反应的爆发。这就是所谓'天然的原子炉抑制系统'吧。"

　　艾莉雅双手十指按按太阳穴，似乎还被卢斯波顿气得头痛："分泌物的分析上，似乎其中有一些微生物，那是用来使'僧帽'发生化学变化，进行蜕皮。或许是防止辐射物质沉积在水底，如果核反应过于活泼，水温会上升，而水母的数量就会增加，和甲壳内的中性子会抑制核反应。抑制到一定阶段时，水温降低，生存环境恶化，水母的数量就会减少。"

贾坤皱眉道："这大概是为了保持一定数量的自我调节吧，然而这个平衡却被人类破坏了。"

大湖的水温在急速上升，预计三十分钟后达到沸腾，波顿公司的基地里一片混乱，卢斯波顿问工程师："为什么会变成这样？"

"或许等到湖水烤干了，就会进行炉心熔融了。"

卢斯波顿急忙问："那就是说铀矿进行反应至数千度，一面溶解周围的物体，一面沉入海床？"

"事情没那么简单，海床下还有未知数量的第二铀矿床，如果那里落入已融解的铀矿……如此巨大数量的铀矿堆叠在一起，地球上都没有这个数量级的核弹！"工程师气得头发根根竖起："都是你害的，你如果好好听我劝告的话！"

卢斯波顿反手扯住工程师的领子，大喊："快想办法，我绝对不会放弃这个基地的！"

艾莉雅一边发动"史塔克"号的引擎，一边说："水温如果再继续上升的话，就连残存的水母都会死的。核反应已经完全乱了，除了避难之外别无他法。要起飞了，贾坤你去哪里了？"

贾坤的单人潜艇潜入湖底，声呐接收到震耳欲聋的爆炸和坍塌声。潜艇被狠狠蹭了一下，艇身剧烈颤抖，幸好还抵得住，他说："吃饭时间前我就会回去了，我很不喜欢工作还留个尾巴。"

艾莉雅大惊失色："别开玩笑了，现在想保护一两只也没有任何意义，而且不知道让它们存活的方法，这样下去……"

"原子炉的水母就用原子炉保护，你说过，你的飞船上有可控核聚变引擎吧？"

四

湖底暴起一阵巨大火光，这次是真真切切击中了挖掘基地，充电装置发生爆炸，岩石碎块像从歌剧院穹顶上掉落的吊灯，带着浑浊的海流砸向挖掘基地。原本像绸缎般在微风下起皱的湖面，现在沸反盈天，巨大的挖掘基地此时像上帝手中的骰子、晃得东倒西歪。

飞行员在逃生飞船里招呼："铀矿融解比想象的要快，波顿先生快跑啊，这是最后一艘飞艇了。"

工程师从后面赶上来："波顿先生，等等我！"

卢斯波顿一脚把他踹下舷梯："飞船装不下这么多人，妈的，赶快离开这里。"

逃生飞船像打摆子的疟疾病人，摇摇晃晃地飞不起来。波顿气急败坏地喊道："搞什么鬼，还没起飞啊！"

"有东西卡着，太重了！"

"什么？"卢斯波顿心想：飞船上只有我和驾驶员，怎么会超重？

"飞船底下有两只重金属水母，紧紧地抓住底盘，根本摆脱不了！"

"要爆炸了……"

早已逃出生天的贾坤和艾莉雅看到湖面上升起一团火球，如同古旧的熔岩般在半空升腾、流淌，虽然现在是白天，但这火球犹胜太阳，照亮了方圆十余里的地界。冲击波和辐射向四周扩散，大地像受到炮烙般急剧抽搐着，火球还在上升，颜色在慢慢变化，金红，金黄，然后成了紫色，蘑菇云久久没有散去。

在飞出大气层的"史塔克"号上，贾坤惊魂未定："这比两百年前美军在比基尼岛的核试验还恐怖！"

艾莉雅欣慰地说："雌性水母在死的瞬间，果然会将发育成蝶状幼体的小水母释放出来，在核聚变引擎的冷却水槽中也许能存活吧，要在他们长大之前赶快回去。"

之前贾坤操纵单人潜艇的机械臂，将诞出的小水母划拉进货舱，带回"史塔克"号。贾坤望着屏幕上在核反应堆冷却槽上四处乱爬的小水母，深深叹口气，疲惫地说："怎么都行，我实在不想回'热刺地带'。"

"不，等它们长大到可以独立生存，同时等到湖水停止反应后，还要将它们放归'热刺地带'，毕竟它们习惯了在辐射环境中生存。"

"哦，好吧，或许我们再来时，这里只剩下漂浮着冰块的狭小湖面，波顿家族的采矿'浮城'被融化的湖水包裹，又在极寒中冻入冰山，成为恐龙骸骨般的孑遗，后续来到这里的探险者还以为发生过核战……"

"那我呢？"

"你会像湖中女神递给亚瑟王长剑一样，把一个个幼体水母送回湖中，粉红色带弧光的'僧帽'浮游在半空，那一幕或许能在梦中出现。"

"哈哈，那怎么可能呢？恐怕只能在科幻小说里出现吧？"

"也许有人会以此画精妙的插图，我很想把这一幕记录下来，快点儿让我们回自己的宇宙飞船去吧……"

潜龙在渊

文 / 分形橙子

潜龙，勿用。

或跃在渊，无咎。

——《周易》上经初九、九四

一、神龙失势

北魏孝昌三年丁未十月。

寒风萧瑟，铅灰色的云层压在众生头顶，树叶都已落尽，黄河业已冰封，洛阳城内外，一片肃杀景象。一大早，天空就开始飘起零星的雪屑，时至中午，细雪已然变成鹅毛大雪。纷纷扬扬的雪片从九天之外挥洒至人间，片刻之后，整个世界都变成茫茫白色。

此时，洛阳城中御史中尉府大堂中正进行着一场激烈的争论。

139

"兄长，此事必有妖！"御史中尉府大堂，身穿青色长衫的郦道峻喝到，"此圣旨绝非胡太后本意，请务必三思而行！"

"是啊，父亲！"一个头戴漆纱笼冠，身着紧身袍褥的年轻人急切附和道，"那雍州刺史萧宝夤素来多疑，今年又刚被削职为民，对朝廷心怀忌恨。我听闻，那萧宝夤平叛屡次败北，恐已有反叛之心！这关右大使，做不得啊！"

"伯友，慎言！"身着长袖黑袍的御史中尉郦道元喝道，他转向郦道峻，朗声说道，"身为朝廷命官，为朝廷分忧乃臣子的本分。山东、关西叛乱不止，刺史大人连年出军，耗费甚大，心有惶恐也属人之常情。虽然今年曾被削职为民，但也只是权宜之计，而非朝廷本意。朝廷复起萧宝夤为征西将军、雍州刺史、西讨大都督，足以证明朝廷对萧宝夤的重用之心。吾此行乃为将军分忧之举，尔等不必再说。"

郦道峻长叹一声，两个儿子也默然不敢作声。

"道峻，伯友，仲友，"郦道元看着弟弟和两个儿子，语气缓和道，"吾知尔之虑，此行恐有凶险，但当逢乱世，身为臣子当为朝廷分忧，恪守君臣之道，断无退缩之理。"

"父亲，"次子郦仲友开口道，"叔父与兄长所言也不无道理，你为官多年，执政严厉，刚正不阿，朝中可是有不少人记恨于你。单单在这个时刻，委任你为关右大使，前去那是非之地，恐有内情。"①

"此事必为汝南王与城阳王所为，"郦伯友恨恨地说，"父亲杀那丘念②，汝南王绝不会放过你，元渊为城阳王所谗，你力陈真相，得罪城阳王。此二人乃皇室宗亲，一定是他们蛊惑了胡太后，委任你

<hr>

① 《北史 卷二十七 列传第十五》道元素有严猛之称，权豪始颇惮之。而不能有所纠正，声望更损。
② 《北史 卷二十七 列传第十五》司州牧、汝南王悦嬖近左右丘念，常与卧起。及选州官，多由于念。念常匿悦第，时还其家，道元密访知，收念付狱。悦启灵太后，请全念身，有敕赦之。道元遂尽其命，因以劾悦。

为关右大使。而那萧宝夤如若得知你为关右大使将前往督军,这……"

"丘念徇私枉法, 罪无可赦, 当杀,"郦道元打断长子, 沉声说道, "元渊破六韩有功, 遭无妄之灾, 当救。吾做事向来顺应天道人事, 然则, 大丈夫有所不为, 亦将有所必为者矣。此事不必再提, 汝若不愿同去, 吾不怪尔等。"

郦伯友与郦仲友交换了一下目光, 异口同声说道, "父亲既心意已决, 吾愿同去, 为父亲分忧!"

话音刚落, 郦道峻也坚定地说道, "吾愿为兄长分忧。"

"如此甚好!"郦道元起身, 看着弟弟和两个儿子, "有尔等相助, 此行必然无虞!"

是夜, 书房, 郦道元点燃烛火, 亲自砚墨, 开始撰写《七聘》[①]的最后一篇。天色微明之际, 一夜未眠的郦道元长吁一口气, 丢下毛笔, 走至院里, 大雪已经落尽, 灰云正在散去, 一缕金光正从东方升起。郦道元抬起头望着天空, 一团长条状云彩恰巧组成一条长龙的图案, 龙头龙爪分毫毕现, 霞光映照之下, 龙角闪闪发光, 龙尾隐没于灰云深处, 所谓神龙见首不见尾也。

世人皆知, 郦道元所著洋洋洒洒四十卷《水经注》已经完成, 但此非事实。今夜, 郦道元才真正完成《水经注》最后一卷:伏流卷。但此伏流卷将单独成册, 取名《七聘》。此伏流卷与其他书卷不同, 记载了郦道元真正的心血和秘密。他深知, 此卷内容太过惊世骇俗, 如若流传出去, 必被奸人所用, 为祸四方。

此伏流卷起笔最早, 若无此伏流卷, 也无《水经注》。郦道元长吁了一口气, 心中巨石已然卸下, 此伏流卷, 他整整耗费了四十五

---

① 《七聘》已失传,《七聘》为《水经注》伏流卷是笔者虚构。

年的光阴。

二、飞龙在天

四十五年前，父亲郦范任青州刺史，十二岁的郦道元随父母居住于青州。年少时，常随父亲外出游历。一日，父子二人行至淄水岑山，见一石刻天梯在峭壁之上，云雾笼罩之时，如一条白龙匍匐于峭壁间。

"此天梯乃鹿皮公所建，"当地长者对刺史说，"鹿皮公乃真仙人也。岑山有神泉，人不能到，昔小吏白府君，请木工石匠数十人，轮转作业，数十日，梯道成，上其巅，作祠屋，食芝草，饮神泉，七十馀年。一日，小吏从梯而下，唤宗族六十余人，命上山。不日，水来，尽漂一郡，没者万计。小吏辞遣家室，令下山，著鹿皮衣，飞升而去。"[①]

"此地颇有仙家气象，"郦范摸着山羊胡笑道，"不想确为仙人飞升之所。"

"此等仙人，不要也罢。"一旁的郦道元不屑地说。

"善长，不可无理！"父亲喝到。郦道元却不服地抬起头，倔强道，"这位鹿皮仙人定非真仙人是也。"

当地长者的面色有些尴尬，他转向郦道元，轻声问道，"公子何出此言？"

郦道元不顾父亲有些愠怒的脸色，侃侃而谈，"其一，天地不仁，以万物为刍狗，此鹿皮仙为何要救人？其二，救也救了，为何只救

---

① 此处长者所说记载于《水经注》卷二十六、淄水篇，引用自《列仙传》，此处稍作改写使用。

本宗族之人？其他万人就该死么？"说完之后，他冷哼一声，"如若他一人不救，尚乃真仙人所为，如若全救，也乃真仙人所为。只救宗族之人，此人心胸何其狭窄，私心甚重！绝非真仙人是也！"说完之后，郦道元挺身直立，静待父亲训斥。

郦范却微微一笑，没有说话。长者思索片刻，向郦道元深深地施了一礼，"小公子，老朽受教。"

郦范摆摆手，嘴上却道，"莫听他歪理。"

"非也，"长者摇摇头，"小公子明白事理，定成大器，此传说乃凡人编造，却是以凡人之心度仙人之腹了。小公子一言既道破，非常人也。然，此地确有神异之处——"老者指向天梯脚下的一片深潭，"此潭古名为登仙潭，传说乃鹿皮公取水之处，现名为白龙潭，确有一条白龙居于潭底。"

"唔？竟有此事？"郦范颇有兴趣地望向白龙潭，只见那汪潭水不过方圆十丈大小，墨绿幽深，一条溪水从东南汇入，却无通道流出，而潭水周围怪石嶙峋，竟无青苔附着，看似确有不凡之处。

"此潭深不可测，直通海眼，"长者道，"有一白龙栖身其间，风雨晦冥之时，白龙偶有现身，飞腾云间，此地有多人亲眼所见。"

"老人家，此传说有多久了？"郦道元突然问道。

"至少已有百年，"老者回道，"白龙为此地的守护神灵。"

"那么，这百年间，此地风调雨顺，从无大灾？"郦道元又问道。

"这……"老者有些语塞，郦范微微摇头，他及时转移了话题，帮老者化解了尴尬，"老人家，真有人亲见白龙？"

"不错，"老者仿佛找回了自信，他捋了捋山羊胡，点头道，"刺史大人，老朽不敢妄语，确有白龙居于潭中，老朽就曾亲眼见过白龙。"

……

143

白龙……回忆到这里，已过知命之年的郦道元长叹一声，那位老者和父亲并不知晓，从那一刻起，小小的郦道元心里就种下了一颗种子。

他望向天空，云彩神龙已经消散，化为金色的云团汇入云海。龙……这个世上真的有龙吗？十二岁的郦道元第一次开始认真思考这个问题。

"愿闻其详！"郦范果然被老者的话吸引住了，郦道元也睁大眼睛望着老者。

"那是正平二年（452 年）……"老者将着山羊胡，陷入了遥远的回忆，"一日，乌云蔽日，狂风大作，光天化日竟如黑夜，老朽和几个伙伴从潭边经过，赫然见一白龙伏在潭边巨石之上，牛头蛇身，有角有爪，鳞甲森然，双目如电，两爪深陷沙石之中，腥臊不可闻。吾等惊惧异常，纷纷调头退走，吾在最后，忽闻一声龙啸，声如惊雷，顿时瘫软在地。回视之，只见云雾大起，白龙盘桓而上，腾跃空中，没入云霄……"

老者说到这里，歇息片刻，仿佛依然沉浸在三十多年前的那个震撼的时刻。

"那一次只有吾见到了神龙升天，"老者平复了心情，继续说道，"隔日再来，一道深沟出现在潭边，巨石上还有神龙爪印。"

"这么说，白龙已经离去了？"郦道元不由自主地问道。

"非也，非也，"老者摇摇头，"白龙潭乃白龙在人间的居住之所，白龙承蒙天帝召唤时，才会腾跃九天……"

"后来又有人见过白龙？"郦道元追问道。

"不错，"老者点头道，"能见白龙者，乃有福之人，老朽今年已是古稀之年。都是托了白龙之福啊！"

说话间，三人已行至潭边，老者指着岸边一块巨石说道，"请看，那就是神龙爪印。"

郦道元兴奋地跑过去，只见一块足有八仙桌大的巨石卧在岸边，巨石上赫然可见一个硕大的爪印，清晰可辨，可见力道之大。郦道元爬上巨石，小心地比画了一下，他的脚掌能轻易放进爪印的脚心处。郦范也走到巨石边，面色严肃地看着爪印，"此物定非自然形成，"他斟酌着说道，"莫非此潭中果真有神龙？"

"自然如此，"老者自信地说，"古有大禹驱使应龙治水，黄帝乘黄龙登天，豢龙氏董父为舜豢龙，御龙氏刘累以龙食孔甲。古往今来，堕龙之事常有耳闻，龙骨也非罕见之物。"

"如若神龙真乃神灵，岂能为人所食？"郦道元暗自摇头，他嘴里说出的却是，"龙居住于何处？"

"龙逐水而居，"老者道，"江河湖海甚至井中，都尝闻有神龙出没。譬如这深潭，底通海眼，幽深不可探，为绝佳栖身之所。吾尝闻，虎从风，龙从云，神龙随云掠行天地之间，腾跃万里，又可深入幽泉峡谷，凡人自然难得一见。"

"逐水而居……"郦道元陷入了深深的沉思，他转头看向那汪墨绿深邃的水潭，脑海中想象着一条通体遍布着白色鳞片的龙从水潭中探出头来，乘风雨扶摇直上，盘旋飞舞，云中穿梭，声若惊雷。

一时间，幼小的郦道元竟然有些痴了。

直到父亲呼唤，他才恋恋不舍地离去。从那以后，龙就像一块磁石一般牢牢地将郦道元吸引。他觉得，自己的命运冥冥之中似乎已有定数。

已近花甲的郦道元从回忆中惊醒，惨白的太阳在云层之上散发着雾蒙蒙的光芒。他跺跺已经有些发麻的脚，走回书房。郦道元将完成的《七聘》收好，放入一个黑漆木匣。

御史中尉唤来四子郦继方，将书稿郑重地交给他，"吾儿继方，此书是为父一生之心血，切记要好生保管，切勿视于外人。"

郦继方今年正值舞勺之年①，生得眉清目秀，眉眼之间颇有祖父郦范之相。与两位兄长不同，郦继方性情略显柔弱，更好读书，不喜舞枪弄棒。此时，父亲严肃的表情感染了郦继方，他整肃面容，伸出双手接过木匣，一时间，竟如千金之重。

"父亲，"郦继方大胆问道，"孩儿不懂，此书为何不能如《水经注》一般外视于人？"

"世人昏昧，此书一旦现世，恐遭来杀身之祸。"郦道元看着儿子漆黑如墨的眼眸，在心里轻叹一声。事实上，他怀疑汝南王的敌意正是因为此书，世上没有不透风的墙，汝南王想必定然听到了某些传言，尽管郦道元知晓那些传言都是无稽之谈，但他却不能一一辩解。丘念之事，郦道元从无悔意，丘念徇私枉法，买官卖官，私吞治河巨款，祸乱人伦纲常，罪无可赦。世人只道汝南王因丘念之事记恨于郦道元，此绝非全部实情。

"如若不能外视于人，父亲为何要作此书？"郦继方再次问道。

"世间真理，不辨不明，"郦道元正色道，"继方，为父问你，为父为何要作《水经注》？"

"父亲作《水经注》，记述千余条河流人文地理，举凡干流、支流、伏流、河谷山川、神话传说，风俗人情无所不包，以传后世，于水患治理、漕运、开挖运河、行军布阵皆大有裨益。"

郦道元满意地点点头，看来郦继方已熟读《水经注》，"如此，

---

① 舞勺之年：出自《礼记．内则》，十三岁至十五岁之间的男孩。

为父再问你，世间多兵灾人祸，根源何在？"

这个问题对于郦继方颇有些难，他沉吟了一会儿，老老实实回答父亲，"孩儿不知。"

"世间兵灾人祸，不在山川河流，在乎人心也，"父亲徐徐道来，"若要治理水患，开发漕运，造福于民，乱世不可为。《水经注》为外敷之药，不能治人心，不能开民智，不能清民怨，不能平乱世，于乱世乃无用之书也。而此《七聘》实为《水经注》伏流篇，乃格物之书、内服之药，专治昏昧人心。"

郦继方眼睛一亮，"父亲，孩儿不懂，既如此，为何会遭来杀身之祸？"

"时机未到，"郦道元轻叹一声，"此药效力过猛，常人服之，必生祸乱。且容易为奸人所用，为祸四方。许千年之后，后人读之，方解其本意。故为父将其单独成卷，取名《七聘》是也。"

"孩儿懂了，"郦继方若有所思地点点头，他将黑木匣紧紧地抱在怀中，心中有一丝不祥的预感，"父亲且保重，孩儿定不负父亲嘱托。此书当为郦家密宝，代代相传。"

"如此甚好。"郦道元站起身，拍了拍幼子的肩膀，沉吟半晌，他又道，"继方，为父一行此去并无凶险，你不必忧心，若是……"他斟酌片刻，却只是轻叹一口气。

聪明的郦继方听出了父亲话语中的隐意，抬头看向父亲，朗声道，"孩儿谨记父亲嘱咐，断不会让父亲失望。当父亲归来，孩儿还要向父亲讨教江水篇。"

中午时分，一队车队在百名士卒的护卫下从洛阳城西门鱼贯而出，向雍州方向行去。

三、打凤牢龙

洛阳城西，汝南王府邸。

当郦道元的车队行至西门之外二十里之时，有两人正在书房中密谈。

"王爷，郦道元已经出发了，两位公子和郦道峻一同随行，"一个身穿紧身宽袖、头戴纶巾之人低声说道，言语中掩饰不住得意之情，"我的人亲眼看见他的车队出了西门。"

"大善！"书房的主人目光阴鸷，恨恨地说，"郦道元胆敢杀我爱将，此仇当报！不过，那萧宝夤……"汝南王依然有些疑虑。

"王爷不必担心，那萧宝夤屡战屡败，早已如惊弓之鸟，惶恐不安。如若是其他人去雍州，萧宝夤是否起事尚不可知，但郦道元是何许人也。郦道元做这个关右大使，萧宝夤不反也得反了。"魏收阴笑道。

"这郦道元既然不能为我所用，"汝南王冷声道，"也怪不得本王了，只是便宜了他，死于反贼之手，也得青史留名。"

魏收不屑地摇摇头，"非也，若我主修《魏史》，我能举之则使上天，按之当使入地。郦道元者，酷吏尔。"

元悦抚掌赞同，那郦道元行事素来严酷，太和年间，郦道元任书侍御史，执法严苛，被免职。景明年间，郦道元被下放为冀州镇东府长史，为政严酷，以至人民纷纷逃亡他乡，朝中颇有微词。延昌年间，郦道元为东荆州刺史，苛刻严峻，以至百姓曾到朝廷告御状，被罢官。但此人依然不肯收敛，正光四年任河南尹，更是变本加厉，帮助元渊开脱，得罪城阳王元徽。更让元悦震怒之事，则是郦道元竟敢抓捕他的近臣丘念，当元悦上奏灵太后，获得了赦免诏令。而那郦道元听闻风声，竟然先斩后奏，抢先在诏令下达之前将丘念处死，更为可恨的是，这御史中尉竟然假借丘念之事上奏弹劾汝南王元悦。

"郦道元此人就像茅坑里的石头一样又臭又硬，"想到丘念，元悦感到一阵怒火自小腹升起，胸口抑郁难平，"该杀！"

"此獠当诛！"魏收附和道。

汝南王略颔首，道，"让你的人盯好了，如果郦道元半途而返，立即告知于我。"

魏收心领神会，"大人不必担心，我已派人远远盯着车队，如若郦道元半途逃走或者折返，我定上表弹劾他抗旨不遵之罪！"

"如此甚好，去吧。"汝南王摆摆手送客，魏收急忙点头哈腰退了出去。

魏收走后，元悦在书房里来回踱了几步，依然不太放心，他招来一个内府心腹，吩咐道，"立即派人速速前往雍州附近，沿路散布郦道元前来治罪萧宝夤的消息。"

心腹领命而去，元悦站立半晌，恨恨地自言自语，"郦道元，你这是何苦，若你相助本王，何至于此！"

与此同时，端坐在马车中闭目养神的郦道元突然睁开眼睛，有些不安地看着窗外。此时车队已经远离城郭，进入荒野。目力所及之处，一片昏黄萧瑟，枯黄的野草中偶尔可见一两棵枯死的老树，一只老鸦被车队惊起，发出嘎嘎的叫声远去了。

郦道峻拍马向前，来到郦道元的窗边，道，"兄长，我有一言，不知……"

"讲。"

"我听闻，朝堂之上，汝南王元悦力荐你为关右大使，前去宣抚刺史，但那萧宝夤的反意人尽皆知，此乃借刀杀人之计也！"

"正因为有此传言，我更要前往，如传言属实，正是我履行职责之时，若传言为虚，我当助刺史一臂之力。"

"话虽如此，但古人云，君子不立危墙之下，切不可掉以轻心，我建议派遣先行使者乔装前往打探虚实，如有异动，也可及时避险。"郦道峻急切道。

见郦道元沉默不语，郦道峻恳切地说，"兄长，你我的安危不足挂齿，但两位公子可也在车队中。"

"如此，便依你所言。"御史中尉终于点点头。

"好。"郦道峻大喜，他拍马向前，召唤了两个使者，做了一番吩咐。两名使者换下官服，各乘一匹快马，先行向西而去。

郦道元放下窗帘，将寒风隔绝在外。他将双手置于袖筒之中交握，靠在车厢上，双眼微闭，只听见侍卫们的脚步声和车轮压过崎岖地面的嘎吱声不绝于耳。此行有凶险，但绝非死路，郦道元深知自己恪守法度，严格执法，得罪了不少朝中之人。但郦道元知晓自己所作所为乃顺应天道人心。韩非子云："明其法禁，察其谋计。法明，则内无变乱之患；计得，则外无死虏之祸。故存国者，非仁义也。"商鞅既死，但法度犹存，后大秦横扫山东六国。前秦苻坚既死，群雄并起，帝国崩坏，实乃法度失衡也。任法而治，可避人存政举、人亡政息，此乃千秋存续之道也。

丘念不杀，则法度无存，法度无存，则纲常崩坏，国家危矣！君子当恪守心中之道，大丈夫行走世间，何惧险恶？大义当前，区区一个汝南王又如何？

郦道元在心中微微叹息一声，思绪转向他处。

他今年已经五十有七，年近花甲，腿脚多有不便，想必是年轻时走过太多的路。

郦道元熟读古籍，对上古奇书更是如数家珍。尤其是那居于西海之南、流沙之滨，赤水之后，黑水之前的昆仑山，更是让幼时的郦道元心向往之。他想知道，那昆仑山是否真有神池与西王母，佛国恒水是否真的源出昆仑？①

但昆仑山太过遥远，此生已难亲至，每思至此，郦道元不免心中暗自叹息。如若不是生于官宦之家，郦道元必将行至大地尽头，如有可能，他想亲往昆仑之西，亲自查探《山海经》中的记载是否属实。他更想知道脚下的大地究竟有没有尽头，大海的尽头是否真的存在无尽的归墟……归墟之下是否有龙类？

自从十二岁那年在登仙潭边亲手抚摸了白龙爪印，郦道元就开启了寻龙之旅。

四、天龙八部

太和十三年，父亲去世后，郦道元承袭永宁侯爵位，依例降为伯爵，那一年，郦道元一十七岁。太和十七年秋，大魏迁都洛阳，郦道元担任尚书郎。后来，郦道元在多地任职，他四处探访古籍中见龙的地点，足迹踏遍了所能行至的河流山川。他在《水经注》中详细记载了踏足过的河流山川，世人只知他在为《水经》做注，却无人知晓他也在寻龙。

龙究竟为何物？在利慈池旁，郦道元知晓了一种说法。

一日，郦道元行至沫水，听说晋太始（泰始）元年，有两条黄龙

---

① 《山海经》曰：西海之南，流沙之滨，赤水之后，黑水之前，有大山，名曰昆仑。《释氏西域记》中所云遥奴，萨罕，恒伽三水俱入恒水。《扶南传》曰：恒水之源，乃极西北，出昆仑山中，有五大源。

现于利慈池。①他即亲自前往利慈池观之，只见池水深不见底。路人云，池底直通海眼，有黄龙居于池底，往返于大海与水池之间。这个说法和白龙潭的传说不无二致，郦道元在水经注中记录了此事。他在池边盘桓数日，希望能亲眼见到黄龙，但却未能得偿所愿。临行时，郦道元偶遇一行脚僧，行脚僧瞧见他的失望之色，开口问道，"这位施主，何故忧虑？"

行脚僧的慈眉善目让郦道元放下戒备，他告诉行脚僧，他在寻龙。

行脚僧笑了，"龙乃天龙八部众之一，不足为奇。"

"世上真的有龙？"郦道元惊奇道。

"然也，能为凡人所见之龙有四种，一守天宫殿，持令不落，人间屋上作龙像之尔；二兴云致雨，益人间者；三地龙，决江开渎；四伏藏，守转轮王大福人藏也。施主所寻，乃地龙也。"行脚僧肃然道。

"这地龙，又居于何处？"郦道元急急追问。

行脚僧指指水池，"地龙蛰伏于深渊之中，顺伏流而行，常人难以见之。偶有现身世间，非大德者不能见。"

"吾尝闻，人多见兴云致雨之龙。"

"兴云致雨之龙乃奉龙王之令行云布雨，福泽四方，龙常从云雾探首从江河湖海中吸水，故多为人见。"

"如此说来，龙实非人间之物……"郦道元沉思道。

"龙有神通，变化莫测，能大能小，能隐能现。龙的种类不同，有金龙、白龙、青龙、黑龙。有胎生、卵生、湿生、化生，又有札龙、鹰龙、蛟龙、骊龙，又有天龙、地龙、王龙、人龙，又有鱼化龙、马化龙、象化龙、蛤蟆化龙。"行脚僧终于说出了更多，"但施主须要明了，龙虽神异之物，但依然是轮回之中的畜生，未得解脱。"

---

① 此事记载于《水经注》卷三十六青衣水，详情可见附录。

"大师的意思是？"

"龙有四苦：被大鹏金翅鸟所吞苦；交尾变蛇形苦；小虫咬身苦；热沙烫身苦。"僧人肃然道，"施主，龙本非人道之物，实乃虚妄，切莫陷入执念。"

郦道元心中一动，紧接着他恭敬地向行脚僧施了一礼，"小子受教了。"

"施主不必多礼，"行脚僧回了一礼，"人身难得，切莫虚度在追寻虚无之物上。苦海无边，苦海无边啊。"

与行脚僧分别之后，郦道元仔细翻阅佛经典籍。末了，郦道元却不完全赞同行脚僧之语，尽管行脚僧是出于好意，但也未免过于轻率。他心知，行脚僧之言乃佛经之语，对龙的描述多有传说夸大之意。他曾在古籍中见到记载，知上古夏朝有豢龙氏与御龙氏。可知，上古之时，龙类并非罕见之物。[1]

由此看来，古人不仅见过龙，而且竟然豢养龙，甚至胆敢食龙之肉。郦道元每思至此，不禁有匪夷所思之感。由此可见，龙实非神异之物，上古之时，龙并非罕见之物，也许存在一个人与龙共存的时代。行脚僧所言，绝非可信之词，龙非神异之物，只是一种罕见生物，古籍也多有食龙记载。[2]

在一个深夜，郦道元提笔在伏流篇中写下：

……行脚僧之论，大谬也……

落笔之后，郦道元突然想到，既然龙非神物，所谓真龙天子，

---

[1] 《九州要纪》云："董父好龙，舜遣豢龙于陶丘，为豢龙氏。"尧之末孙刘累为御龙氏，以龙食帝孔甲，孔甲又求之，不得，累惧而迁于鲁县，立尧祠于西山，谓之尧山。遥奴、萨罕、恒伽三水俱入恒水。《扶南传》曰：恒水之源，乃极西北，出昆仑山中，有五大源。

[2] 《述异记》卷上：汉元和元年大雨，有一青龙堕於宫中，帝命烹之，赐群臣龙羹各一杯，故李尤《七命》曰："味兼龙羹。"《博物志》中有载："龙肉以醯渍之，则文章生。"龙肉用醋来淹泡过，就会产生五色花纹。此记载多不可信，读者可姑妄听之。

也实属杜撰之言，但世人皆以为龙乃神物……如若有人知晓他在寻龙，恐怕……

他警觉地打消了自己的思绪，也第一次意识到手中之笔可能带来杀身之祸。

此伏流卷绝不可外示于人，在那个夜里，郦道元在心里做了决定。

花甲之年的郦道元在颠簸的车厢中沉沉睡去，睡梦中，一条黑色巨龙在云间蜿蜒穿梭，引颈长吟。

五、亢龙有悔

雍州。

征西将军、雍州刺史、假车骑大将军、西讨大都督萧宝夤最近非常烦恼。正元五年，羌人莫折大提聚众叛乱，称秦王；三月后，莫折大提死去，其子莫折念生率众称帝，建元天建。大魏皇帝令萧宝夤去讨平莫折念生，但萧宝夤连年出军，耗费甚大，屡战屡败，心中甚是不安，生怕朝廷降罪于他。

前些日子，朝廷将他削职为民的情景还历历在目。若非忌惮他滞留雍州，麾下有兵，朝廷断然不会重新启用他。这位西讨大都督本想厉兵秣马一鼓作气击溃叛军，奈何军士疲惫，物资短缺，屡战屡败。今日，从京师传来的消息更是让萧宝夤心惊肉跳，朝廷居然派来了御史中尉郦道元！郦道元此人素来严酷，想必此行绝非善意。而且此人胆大包天，连汝南王的宠臣丘念都敢斩首。

昨夜，一名来自京师的秘使拜访了他，给他带来一条消息，郦道元此行名为宣抚，实乃降罪于他，且有先斩后奏之权。

"本都督为平叛之事殚精竭虑，可是朝廷要粮无粮，要兵无兵，空封一堆名号，又有个鸟用！"萧宝夤狠狠地一拳砸在桌子上，他狐疑地看向来使，"汝南王为何帮我？"

"汝南王实不忍看大都督如此忠臣良将遭宵小奸贼所害，"使者压低声音道，"那郦道元行事乖张，早已惹得天怒人怨，朝堂之上，谁人不想除之而后快？"

萧宝夤冷冷一笑，"非也，吾听闻那汝南王之宠臣丘念为郦道元所杀，故出借刀杀人之计！妄图借本都督之手，除去郦道元尔。"

使者面色不变，"汝南王若想诛杀郦道元，何须假手他人？若汝南王想保丘念，谁人能伤他一根寒毛？汝南王此举实属无奈，若郦道元治关中，大魏危矣！"

"使者何出此言？那郦道元绝非等闲之辈，他领军克彭城，诛伪帝元法僧，官拜御史中尉，谁人不知？"

"大都督只知其一不知其二，郦道元生性残暴，素有酷吏之名，任冀州镇东府长史期间，为政严酷，以至人民纷纷逃亡。如他治关中，人心即散，谁来抵挡叛军？"

"倒有一分道理，"萧宝夤略微沉吟，再道，"不过，那郦道元麾下只有百余兵士，如何治罪于我？"

"都督可别忘了，"使者冷笑道，"都督麾下兵士，大部皆为大魏兵将，而大都督你乃南人，倘若郦道元振臂一挥……"

萧宝夤沉思片刻，正色道，"使者请回，汝南王好意在下心领，但诛同僚之事，绝不可为。为陛下尽忠乃臣子本分，若御史中尉奉旨来取下官人头，下官也绝无怨言。"言毕，挥手送客。

使者深深地看了萧宝夤一眼，拱手道，"如此，大都督好自为之。"

萧宝夤彻夜未眠，那密使之言不无道理，萧宝夤本非大魏之人，而是大齐鄱阳王，若非那逆贼萧衍篡位谋反，祸乱大齐，更欲加害于他，何至于赤脚乘船，风餐露宿，惶惶然如丧家之犬逃至大魏。他数次引大魏之兵南征伪梁，却屡屡功败垂成，复国之望愈加缥缈。他坐镇关中平叛，又遭接连兵败，朝廷早有猜忌，以至于年初竟将他削职为民。

天色微明，萧宝夤急招柳楷，共商对策。

"孝则，吾命休矣！"萧宝夤叹道，"朝廷派来御史中尉郦道元做关右大使，这是来治罪于我啊。"

"大人莫慌，"柳楷道，"我听闻郦道元此行带了一百兵士，财物两车，且有两公子随行，想必是来宣抚，而非治罪。"

"非也，"萧宝夤正色道，"此乃掩人耳目之举，那郦道元素来狡诈，吾听闻郦道元抓捕丘念之前，丘念早已得知风声，藏匿在汝南王府第中不露面。郦道元放出风声，声称不会对丘念不利，暗中却进行侦查，发现丘念每隔几日都会在深夜离开王府返回家中小住两日。据此将丘念逮捕入狱，更是在赦免圣旨到来之前先斩后奏，此人素有酷吏之名，怎会安抚于我？"

"这……"柳楷的脸色也变了。

"我已得到确凿消息，郦道元此行是来治罪于我的，我若束手待毙，难免成为下一个丘念！"萧宝夤愤愤地说。

柳楷察言观色，立即道，"雍州非京师，大人你也非丘念，万不可束手待毙。"

"不束手待毙，又当如何？"萧宝夤目光炯炯地看着柳楷。

柳楷已然心中有数，他心一横，决然道，"大王乃齐明帝之子，如今起兵，符合天意。歌谣也曾道"鸾生十子九子鷔，一子不鷔关中乱。"昔周武王有乱臣十人，乱即为理，大王本应治关中，何以疑虑至此？当断不断，反受其乱！"

"如此，"萧宝夤面色一凛，终于下定了决心，"我即刻令行台郎中郭子恢率兵前往截杀郦道元！"

半个时辰后，在夜色掩护下，两千兵士在郭子恢率领下出了雍州，向东疾行而去。

六、似龙非龙

此时此刻，郦道元的车队正沿着官道不疾不徐地向雍州进发，对即将到来的危险一无所知。

郦道元中途醒来几次，他睁开昏花的双眼，掀开窗帘向外望去，月光如水，骑士们和士兵们沉默地行进着。月光倾注在苍茫大地上，让大地看起来像一片银色的海洋。车队就像一叶孤舟在大海上行进。

老人放下窗帘，在月光之海中沉沉睡去……

遇到行脚僧之后，郦道元继续四处探访，路途之中，听闻许多见龙之事，甚至多见亲历者。郦道元每夜都详细将见闻进行记录，但他却从未亲眼见龙，引为一大憾事。久而久之，竟有些疯魔。

直至有一天，郦道元遇到了龙。

一日，郦道元行至淮河，恰逢雷雨，暂在路边一草屋中躲避。雷声隆隆，大雨倾盆。忽闻有人惊叫，"有龙！"

郦道元疾行而出，见河边数人正抬头望向天边，指指点点，嘴里大呼小叫着，"神龙！龙吸水！"

郦道元望向天边众人所视之处，只见一巨形水柱自云间垂落，旋转不休，云雾缭绕，浊浪滔天。郦道元心中一凛，不禁回忆起行脚僧所言兴云致雨之龙，想必眼前这就是了。龙吸水足足持续了小半个时辰，才渐渐散去。郦道元矗立河边良久，他仔细观察"龙身"，却未发现任何鳞爪，那的确是一条水柱。他也仔细观察水柱与云层相接之处，也未发现龙角龙须，更未看到龙身龙爪和龙尾。那一次是郦道元第一次亲眼目睹龙吸水，自此之后，他多有寻访，却从未有人见到龙的躯体。以后的数十年里，郦道元又见过数次龙吸水，同样未见龙体。渐渐地，郦道元有了自己的想法，他心知此"龙"绝非真龙，更类一种自然现象。世人传说神龙兴云致雨，乍见此景，难免以讹传讹，做牵强附会之语。

一夜，郦道元提笔写到："所谓兴云致雨之龙，余观之，无鳞无腿，更不见首尾，不类活物。虽能吸水致雨，但实非真龙也。"——《七聘》（《水经注》伏流篇）

又一日，郦道元行至一集市，见众人围观一营帐，营帐入口有人把守，不时有人交钱进入，有人尽兴而出。郦道元上前询之，出者云：幼龙是也。郦道元顿时好奇心大起，毫不犹豫花钱进入营帐。营帐中央地面上摆放着一只古怪的动物。此物身长不过一丈，遍体漆黑，浑身披甲，阔嘴，四条短腿，趾间有蹼，长尾，早已死去多时，貌似稻草填充。郦道元并未见过此物，但确有一种莫名熟悉之感。

只听一人大笑，"此非真龙，乃猪婆龙也！"

众人愕然，然后哄堂大笑，摊主瞪圆了眼睛，脖子通红，争辩道，"猪婆龙，岂非龙乎！"

郦道元也恍然大悟，此物又名地龙，古籍多称鼍，传说龙与蛇交合出蛟（双犄角为龙，单犄角为蛟），龙跟蛟交合出猪婆龙[①]。

郦道元此时再细观此物，确与传说之龙有相似之处，难免有误

[①] 《山海经·中次九经》云：岷山，江水出焉，东北流注于海，其中多良龟，多产鼍。鼍、猪婆龙皆为扬子鳄别称（笔者注）

认之嫌。他若有所思地看了一会儿，才面带笑意离去。

"鼍，又名猪婆龙、地龙，长三尺，有四足，背尾皆俱鳞甲，南人嫁娶，尝食之。北人不知有鼍，故多误传为龙也。"——《七聘》(《水经注》伏流篇)

七、困龙失水

车队离开京师已经四天，郦道峻急急来到兄长面前，肃然道，"斥候仍未归来。"

郦道元思索片刻，道，"前方乃何处？"

"阴盘驿①，此地地形险峻，乃绝佳伏兵之处，不可不防！我已新派斥候前往探路，发现似有伏兵之象。"

"如此，"郦道元面色不变，沉声道，"宣令，停止行进，就地扎营！"

郦道峻点头，"甚好，若有伏兵，必按捺不住……"

"若真有伏兵，以百人之力，恐难以抵挡，"郦道元打断弟弟，"速速派人绕过阴盘驿，前往长安联络南平王与封伟伯，若萧宝夤果有反意，请大陇都督②与封伟伯相机行事。"

郦道峻领命而去，片刻之后，随着一声声号令，车队缓缓地停止了行进。

郦道元走下马车，车队正行进于一片开阔的山谷之中。此路为淮水旧道，河道早已干涸，大大小小的鹅卵石堆积在道路两旁。远处，

---

① 阴盘驿：今陕西省临潼县东十三里。

② 南平王乃元仲冏，大陇都督，萧宝夤阴谋反叛北魏，元仲冏和封伟伯察觉之后，暗中准备起兵讨伐他，计划败露，孝昌三年十月廿日（公元527年11月28日），元仲冏在长安的公馆中被萧宝夤派人杀死，时年虚岁三十八。（引自维基百科）

群山叠嶂，黑影幢幢，在月光下如一群群远古巨兽般森然匍匐。

郦道元负手而立，向前望去，群山逼近，山谷逐渐收缩为峡谷，一座小山峰矗立在峡谷入口，想必前方即是阴盘驿亭了。

此地乃绝地，若果有伏兵，一齐杀出，此地也绝非防守之地。他传来郦道峻，指着前方山峰，"速速起营，攀援此山，若伏兵来袭，可据高而守。"

刚刚扎下营盘的车队骚动起来，如一条长蛇般向阴盘驿亭开去。

与此同时，一名兵士正向郭子恢密报，"报将军！抓到两个形迹可疑之人。"

"带上来！"郭子恢命令到。

片刻后，两个被五花大绑的人被带了上来，一个校尉禀报道："此二人骑乘快马，形迹可疑，喝令不止，我恐泄露风声，将二人拿下，请将军处置。"

"做得好！"郭子恢道，"你等何许人也？欲前往何处？"

"小人乃此地山民，欲前往长安……"一个俘虏张口说道。

"山民哪里来的军马，"校尉冷声道，"如再出胡言，立斩之！"

"不必再问了，"郭子恢挥挥手，他眼尖，早已看出二人乃行伍之人，"事情已经败露，不必再埋伏，传令，全军出击！"

但是已经晚了，当大军前行至阴盘驿亭时，郦道元一行已经登上山岗，据险而守。此山岗只有一条小路上山，周围尽是峭壁，易守难攻，颇有一夫当关万夫莫开之象。

郭子恢立即下令进攻，兵士们如潮水般向山岗涌去，又一次次被击退，山坡上遗尸无算。守军凭借有利地形，居高临下不停放箭抛石，箭矢如雨，乱石齐飞，一时竟陷入僵局。

山岗之上是阴盘驿亭，在临时搭建的营帐内，郦伯友擦了一把汗水，愤愤道，"幸而我等上山，那萧宝夤果然反了！"

"勿慌，"郦道峻刚刚指挥兵士收集山岗石块，堆积在阵前，建造防御墙，"此地险峻，叛军一时无法攻上来。"

"你可看清楚了，山下之人可是白贼①？"郦道元面色凝重。

"父亲，山下兵士身着大魏甲胄，是萧宝夤部下无疑，萧宝夤果真反了！"郦仲友急道。

"仲友所言不虚，"郦道峻道，"山下之兵非白贼，乃萧宝夤部下。"

"恐怕南平王也已凶多吉少。"郦道元心道，他一时有些恍惚，那萧宝夤竟然真的反了。寒风瑟瑟，郦道元的心更如浸入冰水，一股彻骨的寒意将他包围。他走尽山川河流，阅尽世间繁芜，却终参不透人心。

"死守！"郦道元下令，"传令下去，只需坚守三日，援军必至。"

但营帐中诸人都心知，派往长安的使者恐怕凶多吉少。此地虽然险峻，易守难攻，但也难以突围。只要叛军封锁消息，不说三日，恐怕三十日之内，朝廷也难以得知萧宝夤叛乱之举。但为了稳定军心，也不得不为之。现在只能寄希望于朝廷尽快察觉异常，以及派往长安的使者能顺利联络到南平王。

值得欣慰的是，叛军又发动了几次攻击，由于路径狭窄，一次只通数人，守军推落滚石，杀伤无算，屡屡击退叛军，而己方只有数人阵亡，十数人被流矢击中受伤。

三日内，叛军发起了无数次冲击，都被守军击退，但守方的伤亡也开始变得多了起来。而且，山岗上的众人发现了一个严重的问题，他们有足够坚持数月的粮草，但是没有水。叛军似乎也发现了这一点，开始围而不攻，似乎是想把守军困死在山岗上。

---

① 白贼，即羌人叛军，萧宝夤事后谎称郦道元死于羌人叛军之手。

"粮草倒还充足，但山岗上本无水，"营帐内，郦道峻忧心忡忡地说，"阴盘驿亭都在山岗下取水，现在取水之地已被叛军占据。"

"掘井，"郦道元下令，"地下有水。"

郦伯友疑道，"父亲，平地三丈尚难出水，这山岗之上……"

"地下有水。"郦道元重复道，他坚定的语气不容置疑，"掘井便是。"

八、潜龙在渊

地下有水，世人皆知。

《管子》曰：水者，地之血气，如筋脉之通流者。又《禹本纪》曰：河出昆山，伏流地中万三千里，禹导而通之，出积石山。

可见上古先贤早已知晓大地之下也有河流、地脉、深渊。水流如大地之血脉，在大地深处奔涌不息，大地之下，无数暗流涌动，偶有暗河流向地面，形成涌泉，或从山洞流出，变为显流。

郦道元多处走访，如白龙潭，利慈池者深不可测、底通海眼之水，多不胜数。以龙渊，龙潭，龙泉，龙池，龙巢，龙穴，龙井等等为名之水更是不计胜数。细考察之，郦道元发现此等以龙为名之水皆通伏流地脉，深不可测，且皆有各色神龙出没之传闻。

道元思忖，兴云致雨之龙已为虚妄，深渊潜龙尚可一寻。若潜龙实存，必潜于大地极深之处，九幽之渊之中，人力所不能达。郦道元遍寻古籍，多见黄龙、青龙、白龙现于水井。让郦道元惊喜的是，他查到两则就发生在京师的水井见龙事件[1]。

这些见闻更让郦道元坚定了龙潜于大地深渊之说。暗流奔涌，

---

[1] 世祖神䴥三年三月，有白龙二见于京师家人井中。——《魏书·灵征志上》；真君六年二月丙辰，有白龙见于京师家人井中。——《魏书·灵征志上》；

在大地极深之处汇集成地下之海。无数龙族蛟类栖身其中，偶有蛟龙从暗河跃出，或现身江河，或现身水井，或现身水潭……所谓潜龙在渊，即为此意。龙非天降之物，而是来自于大地深渊也。

郦道元遍寻伏流地脉，却从未亲眼见过蛟龙。

一日，郦道元行至夷水很山县东十许里之平乐村，探访一石穴。石穴乃伏流地脉出口，出清流，汇成深潭。传闻中有潜龙出没，每逢大旱之年，村民即将污秽之物置于石穴口，潜龙发怒，则水喷涌而出，扫平污秽之物，农田也得以浇灌。[①]

郦道元历经千辛万苦方寻得此石穴，此地高山险峻，人迹罕至。他抵达此地已是夜晚，不得已，只好露宿山石之上，以躲避猛兽。夜半，潭中水声突起，似有巨物击水。郦道元悚然起身，月光下，只见一黑色巨龙在潭中翻滚。

郦道元屏住了呼吸，胸中如有黄钟大吕敲响，周围所有的一切都消失了，天地之间只有他和黑龙在清凉如水的月光下遥遥对视。他已经寻龙三十余载，今日终于得见，是上苍终于被他的诚意所感动了吗？郦道元的眼睛湿润了，恍惚中，他看到黑龙游至岸边，攀援上岸，四爪着地，盘旋屈曲，昂首，数根龙须随风颤动。

郦道元慢慢爬下山石，此时，他距离黑龙仅有三丈之遥。若古人所言不虚，龙必非凶猛野兽，乃性情温和之物也。但古人也说，龙有逆鳞，触之则怒[②]。郦道元细观之，黑龙脖颈下似有异色鳞片覆之，但他不敢进行验证。

郦道元慢慢走近，细细观之，此黑龙身长十数丈，牛首鼍身，

---

① 此处记载于《水经注》卷三十七夷水，详见附录。
② 《韩非子·说难》中曾云：夫龙之为虫也，柔可狎而骑也。《韩非子·说难》又云：然其喉下有逆鳞径尺，若人有婴之者，则必杀人。

而非蛇身；额有双角，类牛角，而非鹿角；脖如马颈，鳞甲森然，颚下有龙须数根，四爪粗壮，腥气袭人。远观之，更类蜥蜴之属，而非蟒类。

此时，黑龙正目光如电望向郦道元，郦道元的心脏几乎停止了跳动，他想停住脚步，但却一步步走向黑龙，直到走到黑龙面前，直至近之可触。似乎察觉到了郦道元的善意，黑龙并无异状，它低下头颅，龙须微微颤动，眼皮微闭。郦道元大着胆子伸手摸向黑龙脖颈，触之微凉，细细观之，黑龙全身覆青灰色鳞片，身脊之上的最大，脖子与尾部的鳞片稍小，鳞片之形类于鲤鱼之鳞。

黑龙垂下脑袋，把脖颈让于郦道元之前，同时微晃头颅。郦道元心中一动，此龙虽非神异之物，但也绝非畜类，而乃灵物，可与人心意相通。他试着将双手放置于黑龙脖颈之上，黑龙并无异状，他把心一横，抬腿翻身而上，乘坐在黑龙脖颈，抓住黑龙双角。黑龙察觉到脖颈上有人，仰天长啸一声，挺起身躯，调转方向向水中爬去。郦道元心知黑龙并无恶意，却依然有些惊惶，但更多的是兴奋。能在此生得见黑龙已属万幸，能骑乘黑龙者又有几人？此时，虽死亦无憾矣！

韩非子诚不我欺，龙族性情温顺，柔可狎而骑也！

在郦道元的放声大笑声中，黑龙入水，乘风破浪，但郦道元知晓它绝无恶意，黑龙刻意让脖颈浅浮，以令郦道元不至入水窒息。黑龙在潭中游弋两圈，转头向石穴冲去。起初非常狭小，且水浅，黑龙四爪并用，爬进石穴。入数十丈，水又变深，黑龙转而潜游。郦道元双手紧抓黑龙之角，身体紧伏在黑龙脖颈之上。黑暗中不能视物，他不知头顶石壁距离几何，只知双脚沉浸在水流之中，冰冷刺骨。黑龙身体矫健，如鱼得水，在暗河中飞快前行。郦道元只知他们正一直向地下潜行，突然，他发现已能视物，他惊奇地发现黑龙身上的鳞片发出青色幽光。

本应如此！郦道元心中大喜，这更验证了他的推论，龙族本生活于地底深渊，暗无天日，若要视物，自会另有光源，借助鳞片之光，足以视物捕食。但龙族也不类某些暗河无眼之鱼，龙生于水，欲上则凌于云气，欲下则入于深泉。①借助鳞甲之光，郦道元已经能看清身处的环境。他望向四周，他们正身处一条蜿蜒向下的暗河之中，暗河多有分叉，黑龙显然十分熟悉路径，遇到岔路从不犹豫。水流随地势时而平缓，时而湍急，气温也变得湿热起来。郦道元仿佛已经失去了时间感，不知深入地下多久，突然前方水声大了起来，雾气氤氲。郦道元心道不好，前方乃地脉瀑布是也！还未及多想，黑龙猛然一跃，已然腾空飞跃至半空之中。

郦道元心猛地一沉，他们已然来到了一个巨大的山洞，这是一个存在于地底的巨大空间。但黑龙并未真的腾空，而是在雾气氤氲中飞速下降，落入水中。郦道元屏住呼吸，随黑龙在水底潜行片刻，才再次浮出水面。他回头望去，他们出来的地方隐约悬挂着一条白色的瀑布，在去地表不知几千丈之深的空间中汇聚成渊②。

此渊不知多深，举目望去，之间氤氲雾气笼罩，不见洞壁边缘。道元思忖，此地下之海必有出口，出口可能在深渊之底，更通极深之渊，但郦道元以人身恐难亲至。黑龙驮负郦道元在水中游弋，渊水温热，隐约可见极深之处有发光之物穿行隐没。不知是其他龙族还是某些会发光的奇异生灵。

① 此此处出自《管子·水地》。
② 据估算，埋藏在地下的水是地球表层之水的六千倍以上，加拿大学者推测，在距离地面15-20公里的岩层中仍有可能存在含水层。

不久之后，一人一龙行至一岛，黑龙四爪并用，攀援上岸，低下头颅。郦道元从龙身跃下，踏足岛上。他回头望向黑龙，黑龙也正望着他。郦道元抚摸龙角，轻声道，"汝带吾至此，是有事相求于我？"

黑龙眨巴一下眼睛，龙须兀自抖动不已，它没有理会郦道元的问询，而是四爪并用，向岛屿深处爬去。郦道元心知黑龙必有事相求，他迈开脚步，紧随黑龙向前走去。黑龙似水中之物，行于陆地之上颇显吃力，四爪无力托起修长的身躯，伏地而行。一人一龙在四周传来的水声中行进，郦道元忽然意识到，此深渊之水令通其他伏流地脉，涌泉无数，为地下庞大水系的一部分。伏流地脉如同人之血管筋脉，此类深渊湖海如同人之五脏六腑，万物皆有灵也。郦道元以人之躯，恐怕只能抵达这里。行进良久，黑龙停住了身躯，郦道元向前望去，隐约可见一座白色小山。这时，黑龙做出一个奇异举动，它盘起身躯，以头触地，做俯首状，龙须顺服贴在嘴边，紧接着，黑龙抬起头颅，发出一声清亮龙吟。

郦道元这才看清，那白色小山并非土石小山，乃龙骨堆成，无数龙骨盘绕堆砌，发出幽幽磷光。此地……郦道元惊骇地倒退两步，此地原为龙族埋骨之地。他终于明白了黑龙为何要带他来此，黑龙想告诉他，为什么人间从未见过龙族遗骨。当龙预感到自己死期之时，会来到这个岛屿，这个实为龙之墓的岛屿。

远处也传来附和的龙吟声，渐渐地，龙吟声此起彼伏，无数龙族纷纷引颈长吟。郦道元浑身发抖，泪如雨下，这些灵物世代生活在大地深渊、地下之海，经伏流地脉潜至地表深潭水池甚至人家水井之中。

有龙腾空飞跃，在洞穴的雾气中蜿蜒飞腾。又有无数黄龙、黑龙、白龙引颈长吟，此情此景，如梦似幻，郦道元已然痴了。

……

一道亮光袭来，郦道元不禁闭上了眼睛，待眼睛适应了光线，他睁开双眼坐了起来，却发现自己依然身处山石之上。已是清晨，第一缕阳光越过陡峭山峰射进山谷，照在他栖身的山石之上。

是梦？

竟然是梦？

郦道元悚然站起，望向水潭，水潭依然古井无波，却无黑龙身影。

原是一场奇梦！郦道元想放声大笑，所谓日有所思夜有所梦，郦道元已经思龙数十载，却只换得这一场虚妄之梦！

虚妄之梦！

郦道元终于放声大笑，又放声大哭，涕泪交并。他爬下山石，绕潭奔走，状若疯癫。忽有一道亮光炫目刺眼，郦道元走向前，见一物于石缝间闪闪发亮。他将其捡起，细观摩之，乃归。

自此归来，郦道元再未远行，此次夷水之行，是为郦道元一生之行之绝唱。

九、龙血玄黄

阴盘驿亭。

叛军在山岗下扎下营盘，围而不攻。山岗之上，士卒已掘井十数丈，仍未见水。越来越多的士卒因缺水而无力作战，郦道元心急如焚。

"兄长，"郦道峻的嘴唇业已干裂，声音沙哑，"依然无水。"郦伯友与郦仲友也焦虑地看着父亲，他们两人的情况也非常不好。

"十数丈？不够。"郦道元道，"还需更深。"

"十数丈已是极限，井底多石，难以挖掘，"郦道峻叹道，"这阴盘驿亭取水之处原本在山岗之下，这……唉！"

郦道元默然无语，他心知人若三日不饮水，则有性命之虞，更无体力挖井和作战。可是今天已经是断水的第七日了。郦道元走出营帐，郦道峻和两位公子追随在他身后。士卒们东倒西歪地躺在临时搭建的石墙之后，看到御史中尉，甚至都无力气站立。一个士兵中箭，伤口竟无鲜血流出。

郦道元并不惧死，但这些士卒却因他而死，弟弟郦道峻、长子郦伯友与次子郦仲友也将因他而死。一思至此，郦道元就心如刀绞，他一生都在寻水，可今日，却要死于无水。他一生刚正不阿，却要死于奸佞小人之手。苍天真是为他开了一个天大的玩笑！

郦道元举头向天，天空没有一丝云迹。

"道峻，"郦道元看向弟弟，"此次恐怕凶多吉少，兄长对不住你。"

郦道峻肃然道，"兄长何出此言，援军必至，南平王一定已经得到了消息。"

郦道元再看向两子，道，"伯友，仲友，郦家世代为官，为国尽忠，今日之难，恐难脱身。为父……"他竟已说不出话。

郦伯友和郦仲友对视一眼，一起铿锵说道，"父亲不必自责，郦家子孙何惧一死？若在死前能手刃几个逆贼，也死而无憾！十八年后又是一条好汉！"

"好！"郦道元点点头，他行至井边，有麻绳缒下，此时井底已经空无一人，他张开双臂，道，"给为父绑上！为父亲自掘井！"

"父亲不可！""兄长不可！"

三人急急阻止，郦伯友抢先道，"这井下幽暗狭窄，不能视物，父亲你……"

"老夫遍寻天下之水，你们谁人比我更懂水？"郦道元威严道，"绑上！"

三人执拗不过，只好含泪帮郦道元腰间绑上绳索，目送老人缒井而下。

郦道元下至井底，抬头望去，井口已如铜钱大小，井底狭窄，昏暗不可视物。他摸到一支铁锹，开始向下挖掘。地下有水，郦道元知道，地下不仅有水，还有暗流涌动，江河湖海。

郦道元站立半晌，开始挥动铁锹。

无水。

鲜血淋漓，染红了铁锹的木柄，依然无水。

一筐筐泥土被吊出井口，依然无水。

他遍寻天下之水，对每一条河流都如数家珍，他见过全天下最多的水，却难以从井中挖出一滴水。他恪守为官之道，执法公正，却遭奸贼算计。

但郦道元已无憾矣，《水经注》已成，足以流传后世，造福万民。《七聘》已成，足以慰藉天下苍生。

他继续挥动铁锹，依然无水。

老人力竭，终于昏厥过去。

当郦道元清醒过来之时，发现自己已经身在井边。叛军已经攻进石墙。幸存的士卒拼死抵抗，但却无力地倒地死去。更多的士卒连站起来的力气都没有，被叛军杀死在地。

郦道元看到郦道峻已经身首异处，郦伯友与郦仲友也已伏尸在地。他站立起身，手拄铁剑，怒视来人。

"御史中尉郦大人，"来者明盔明甲，深鞠一躬，"吾乃行台郎中郭子恢是也，特来取你项上人头一用。”

“本官知尔乃萧宝夤属下，”郦道元挺直身躯，一头花白的头发在风中飞舞，“当年，那萧宝夤如丧家之犬般逃至寿春，大魏庇之！萧宝夤事魏已久，封王爵，拜尚书令，许以重任。即一再免官，亦由宝夤之丧师致罪，非魏之过事苛求也。况旋黜旋用，宠眷不衰，彼乃妄思称尊，构兵叛魏，实属罪无可赦！萧宝夤者，于家为败类，于国为匪人，于物类为禽虫，不忠不孝不义不信之匪类也！”[①]

郭子恢大怒，挥动腰刀，气急败坏地喝道，“杀！杀！杀！”

郦道元仰天长笑，“无胆鼠辈，若要本官人头，且自来取之！”

> 《北史　卷二十七　列传第十五》：宝夤虑道元图己，遣其行台郎中郭子帙围道元于阴盘驿亭。亭在冈下，常食冈下之井。既被围，穿井十余丈不得水。水尽力屈，贼遂逾墙而入。道元与其弟道阐二子俱被害。道元瞋目叱贼，厉声而死。宝夤犹遣敛其父子，殡于长安城东。事平，丧还，赠吏部尚书、冀州刺史、安定县男。

鲜血从郦道元的无头尸身汩汩流出，流入井底，最终回归伏流地脉，汇至九旋之渊。后人评曰：道元之死，犹神龙失水而陆居兮，为蝼蚁之所裁。

[①]　此处改编自《南北史演义》蔡东藩语。

尾声

郦道元死后，萧宝夤谎称为叛军所为，不久之后，萧宝夤又杀死南平王元仲冏和封伟伯，自称齐帝，改年号隆绪元年，正式反叛。武泰元年（公元 528 年）春，魏军收复长安，郦道元还葬洛阳。道元陵墓所在何处，今日已不可考。

幼子郦继方将一方黑匣放置于父亲灵柩，随同下葬。黑匣之中，除了《七聘》之外，匣底还有一片巴掌大的奇异鳞片。

三子郦孝友承袭爵位。现存郦氏后人，皆为郦继方之后。

郦道元死后，晋阳与京师发生两件奇事：

> 庄帝永安二年（公元 529 年），晋阳龙见于井中，久不去。
>
> ——《魏书·灵征志上》
>
> 肃宗正光元年（公元 530 年）八月，有黑龙如狗，南走至宣阳门，跃而上，穿门楼下而出。[1]
>
> ——《魏书·灵征志八上第十七》

另，魏收修撰《魏书》，将郦道元列入《酷吏传》。

（全文完）

---

[1] 史载此事实际发生于约 520 年，此处行文需要，略作改动，请读者见谅。

附录（水经注中部分关于龙的记载）：

县北十馀里有神穴，平居无水，时有渴者，诚启请乞，辄得水。或戏求者，水终不出。县东十许里至平乐村，又有石穴，出清泉，中有潜龙，每至大旱，平乐左近村居，輂草秽著穴中。龙怒，须臾水出，荡其草秽，傍侧之田，皆得浇灌。

《水经注》卷三十七　夷水

祁夷水东北迳青牛渊，水自渊东注之。耆彦云，有潜龙出于兹浦，形类青牛焉，故渊潭受名矣。

《水经注》卷十三　漯水

县有龙泉，出允街谷。泉眼之中，水文成交龙，或试挠破之，寻平成龙。畜生将饮者，皆畏避而走，谓之龙泉，下入湟水。

《水经注》卷二　河水

秦武公十年，伐邽，县之。旧天水郡治，五城相接，北城中有湖水，有白龙出是湖，风雨随之。故汉武帝元鼎三年，改为天水郡。

《水经注》卷十七　渭水上

县有赤水，下注江。建安二十九年，有黄龙见此水，九日方去。此县藉江为大堰，开六水门，用灌郡下。北山，昔者王乔所升之山也。

《水经注》卷三十三　江水一

灵道县一名灵关道，汉制：夷狄曰道。县有铜山，又

有利慈渚。晋太始九年，黄龙二见于利慈。县令董玄之率
吏民观之，以白刺史王濬，濬表上之晋朝，改护龙县也。
沫水出岷山西，东流过汉嘉郡，南流冲一高山，山上合下开，
水迳其间，山即蒙山也。

《水经注》卷三十六　青衣水

　　白狼水又东北迳龙山西，燕慕容皝以柳城之北，龙山
之南，福地也，使阳裕筑龙城，改柳城为龙城县。十二年，
黑龙、白龙见于龙山，皝亲观龙，去二百步，祭以太牢，
二龙交首嬉翔，解角而去。皝悦，大赦，号新宫曰和龙宫。
立龙翔祠于山上。

《水经注》卷三十七　浿水

　　建武中，曹凤字仲理，为北地太守，政化尤异。黄龙
应于九里谷高冈亭，角长三丈，大十围，梢至十余丈。

《水经注》卷三十七　河水三

　　水上有燕室丘，亦因为聚名也。其下水深不测，号曰
龙渊。

《水经注》卷三十九　深水

双曲陷阱

文／美菲斯特

一

　　舰长赵旸像平常一样在舰桥值班，突然发现"精卫"号的曲率引擎在飞快地失去动力，像掉入松脂的飞虫般突然停在太空中。

　　赵旸立即通知各级主官，大副陆柯和轮机长顾盼赶忙调阅曲率引擎数据，没有发现任何故障。航海长吴垠一直关注航线："有外力在将我们拖离航线。"

　　引力源像盘踞在蛛网里的狼蛛，强有力地回收着捆缚猎物的蛛丝。飞船开始倾斜，如濒死的巨鲸缓缓滑入"深海"。在与一颗小行星擦肩而过时，船体猛地一震，右舷被划伤了，掉落的碎片像暴风雪在飞船周围掠过。冬眠舱中的船员都被叫醒，投入修复右舷的工作中。

陆珂盯着屏幕上弹幕般密集变化的数据，紧张地说："难道是高维度向低维度坠落？"

"错！"一个声音在舰桥上响起，主官们回头一看，是随队的数学家沈棋："没有坍缩过程中释放的巨大能量，并非向低维度坍缩！"

赵旸皱一皱眉，就听沈棋举着手中的 PAD 说："这里是双曲空间。"

陆珂怒道："非相关人员不准进入舰桥，请出去！"

赵旸抬抬手阻止他，转头问沈棋："那为什么曲率引擎会失效？"

"引擎只能在曲率同向处运行，即曲率皆为正，哪怕其中的曲率具有连续变化，也能驱动飞船航行。"沈棋尽量简明扼要，"然而双曲空间不一样——每一处的曲率皆为负，而且曲率变化是非线性的，曲率引擎自然会失灵。"

赵旸逼视着他，问道："你说的怎么验证，有证据吗？"

"目前还没有确凿的证据，但没有其他理论能解释现在的困境了。"

陆珂看到赵旸若有所思，劝道："舰长，事关船上 300 多人的生死，不能轻易相信这人。"

沈棋似乎生怕还不够石破天惊："双曲空间对曲率引擎有致命打击作用——换句话说，这是针对装备曲率引擎的行星际旅行者而设置。"

顾盼忍不住插话道："哪个文明会做出这种事？"

没人回答，沈棋指指大屏幕上的绿点，其他人想起此行的目的地——南门二星系。

赵旸面色一沉，命令道："启动核聚变引擎，重获动力。"

赵旸还没松口气，就听沈棋说："我们的麻烦刚刚开始。"

"怎么说？"

"各位见过捕蝇草吧？曲率驱动的飞船飞到此处，如同飞虫触发捕蝇草的闭合机制，自然而然被这空间关在里面。"

"我刚才说过，双曲空间每一处的曲率皆为负。一旦进入双曲空间，首先正负曲率抵消，曲率引擎失效。然而，负曲率继续作用于曲率引擎，推动飞船将向无穷远的'边界'处坠落，就像刚才那样。"沈棋冷冷地说，"从中心到边界，双曲空间无穷大，如果'精卫'号以恒定速度沿着一个方向航行，它永远无法到达边界！"

"精卫"号依然在坠落，只是和深邃幽寂的太空相比，她的坠落如瀑布中的一滴水珠，几乎无迹可寻。赵旸按捺住心底的恐惧，问道："我们怎么办？"

沈棋的十根手指像织布的梭子，在 PAD 上划来划去："我正在建立数学模型。"

二

时间在煎熬中过去，沈棋忽然扬起 PAD，赵旸急忙问："你有什么发现？"

沈棋激动地说："我怎么忘了——双曲空间遵循一个异常深邃而优美的基本定理：Poincare-Koebe 的单值化定理。任何一个封闭可定向的曲面，实现在三维欧式空间之中，都可以共形映射到一个带有常值高斯曲率的曲面，可以由单位球面、欧式平面或者双曲平面在某个等距对称群作用下的商空间来表示……"

赵旸打断他："说结论！"

"所有的高亏格曲面都可以共形地映射到一个双曲曲面，对称群由一些双曲等距变换生成，作用在双曲平面上，所得的商空间就是双曲曲面……"

赵旸再次打断他："说人话！"

"将双曲空间用叶状结构表示，也就是将高维流形分解为低维流形，将曲面看做'叶子'层叠的结果。那么，双曲空间在三维空间中的投影，即将彼此平行的'叶子'捏成一股，它们构成的拓扑结构，是这样的。"

赵旸看到 PAD 上出现一个白色玉佩似的 3D 模型，总体是椭圆形，上端有一个孔洞，但下端伸出两个短短的突起。在"玉佩"表面上，环绕着金色的"轨迹"，最奇特的不仅是"轨迹"由两条相互平行的弧线构成、两条成一束，而且两束"轨迹"之间大多数是相切的，少数有两三束"轨迹"汇成一束。

沈棋还在情不自禁地解说道："每一束'轨迹'与鹦鹉螺螺壳剖面的曲线有异曲同工之妙，每四分之一段曲线的半径和后四分之一段的比都是黄金分割比例……"

赵旸打断他的赞叹，焦急地问："结论是什么？"

沈棋指着 3D 模型上端的那个孔洞说："那是我们进来的入口。当入口确定时，唯一的出口也确定了，就在这里！"

赵旸顺着他手指的地方看去，在那里，五束金色的"轨迹"汇聚在一起，在短暂相切之后像琴弦般延伸出去。就像内燃机火车时代的轨道——五束从远处而来的"铁轨"，在某个闸口汇聚为一股，又向远方发散而去。

"曲线交汇最多的切点即为出口，这个 3D 模型表示了曲面自同胚群的内在结构。"沈棋指着"玉佩"表面上五束"轨迹"相切的切点说道，"那里，就是逃离双曲空间的出口！"

而赵旸根本顾不上赞叹这个奇迹，他和航海长吴垠在紧张地设置航路，沈棋正埋首于对双曲空间数学模型的完善，就听赵旸喊道："天才儿童，路线计算有误。"

三

"怎么可能？"沈棋一下子蹦到赵旸跟前，后者指指屏幕："在你计算的路线上，有一颗小行星挡着，就是刚才和飞船擦身而过、造成右舷损伤的那一颗。"

"这恐怕是'那个'文明故意设置在路线上，掩人耳目用的。"沈棋轻松地说："绕过去不就行了？"

赵旸沉声说道："如果绕路，核聚变燃料恐怕不足。"

陆珂这时说道："可以关闭 17 台转向发动机，只保留必要的 16 台，能节约一点燃料。"

左侧幸存的核聚变引擎启动，像两注熔岩构成的喷泉喷向后方，"精卫"号船身挣脱负曲率作用在曲率引擎上的力量，猛然向前一冲。

情况似乎在向好的一面发展，但在绕过不规则形状的小行星时，舰桥上的人再度陷入紧张中。赵旸则一直盯着核燃料消耗的数据，飞船绕过小行星需要暂时离开"轨迹"，除了供给 16 台转向发动机，还要分出一部分燃料抵消负曲率作用于曲率引擎的力。眼看消耗量逼近警戒线，而"精卫"号堪堪绕过小行星，赵旸的心脏都提到嗓子眼了。

航海长吴垠突然说："小行星转向了，它似乎在卡位，想堵住出去的路径！"

赵旸低声吼道："迅速回归'轨迹'，小型核聚变引擎全开，脱离双曲空间！"

"精卫"号的航线如同鹦鹉螺螺壳内的曲线一般，小行星像被红布挑逗起来的公牛般紧追不舍，吴垠问："要发射小型氢弹吗？"

赵旸说："不行，爆炸的冲击波会影响航线！"何尝不想铲除阴魂不散的小行星，但他知道"某个文明"会有反制的手段，最终倒霉的是"精卫"号。

"核燃料已到警戒线以下！"陆珂突然喊道："还剩5%！"

吴垠也喊道："小行星逼近中，即将发生撞击！"

"规避撞击优先！"赵旸高声说，"开启转向！"

"精卫"号和小行星擦肩而过，偏离原航线之后还得克服负曲率回归"轨迹"。这样一来额外消耗的核燃料大增，在众目睽睽之下，核燃料降到还剩3%，现在只能靠这所剩无几的燃料飞出去了。

这时只听吴垠喊道："小行星改变航向，再次向我方袭来！"

赵旸望向燃料读数——只剩2%了！

"出口近在眼前！"赵旸亢声说道，"引擎全开，全速前进！"

"小行星快速接近中，即将发生撞击！"吴垠快速地报告，"倒数20秒，20，19，18……"

不知道是先脱离双曲空间呢，还是先被小行星撞击到粉身碎骨呢？沈棋偷眼瞄了一下赵旸，赵旸脸上波澜不惊。

屏幕上的小行星越来越大，吴垠还在倒数："12，11，10……"

倒数到"7"时，飞船突然一滞，赵旸问沈棋："我们脱离双曲空间了？"

"不！"陆珂抢先回答道，"是核燃料耗尽了！"

"还有5秒发生撞击，5，4，3……"吴垠的读秒透着绝望。

四

船长赵旸像花岗岩雕塑般站着，小行星像追击牡鹿的狼，几乎能咬到"精卫"号的后腿，就在吴垠报出数字"1"时，中央电脑大屏幕上的图像突然发生变化，小行星像撞上看不见的墙壁突然停滞，表面出现蛛网般的裂痕。而"精卫"号两侧比萨斜塔那么大的推进引擎泛出冰蓝色的光芒，如同两颗耀眼的小太阳升起在飞船尾部。大屏幕上的读数让人喜出望外——曲率产生的澎湃动力如水电站泄洪，在每一台引擎中奔流不息，"精卫"号竟然重获动力。

"核燃料完全耗尽了，哪来的动力？"大副陆珂望着小型核聚变发动机警戒线以下的"0%"，难以置信地说。

"我们出来了，再见……不、永别了，双曲陷阱！"沈棋将手中的 PAD 一扔，双臂乱晃："回到正常空间中，曲率引擎恢复工作了！曲率不再处处为负了，我爱正向曲率，哈哈！"

"终于从双曲空间里出来了！"舰桥上的人们恍然大悟，纷纷拥抱、欢呼。

"精卫"号完全恢复巅峰时代的动力，遍布舰体的 33 台转向发动机放出蓝光，如同王冠上的宝石熠熠发光，舰体开始矫正航向，快速脱离险境，重新飞向南门二。

赵旸分开激动不已的庆祝人群，问拣起 PAD、埋头在上面运算的沈棋："为什么小行星没有追出来？"

"不知道，或许它被设置为只能在双曲空间中当路障吧？"沈棋渐渐冷静下来，"虽然脱离了光怪陆离的双曲空间，但还有一个障碍横亘在'精卫'号面前。"

"下一步，如何面对'那个文明'？"沈棋指指大屏幕上的南门二，他的话如同往热水锅里倒入一桶冰块，其他人也逐渐冷静下来，欢乐如潮水般褪去，舰桥上一片寂静。

五

沈棋说:"南门二的文明已经将数学规律演化成战略武器,复杂拓扑、凸体几何、双曲几何、黎曼面理论在他们手里如橡皮泥捏来捏去。至于我们这样刚刚在行星之间发出初啼的文明,在他们面前,实在是拿不出手……"

再说下去,好不容易建立的信心将会崩溃,赵旸打断他:"照你这么说,我们还是掉头返航飞回地球?"

"也不尽然,既然他们允许我们从双曲空间中安全出来,就说明……"

赵旸问道:"这么说,我们通过考验了?"

"是的,至少现在我们还活着。"沈棋点点头:"仅仅掌握曲率航天技术的文明得不到他们的认可,能从'双曲陷阱'中全身而退的文明,才能获得他们的垂青。"

"或许,我们通过测试了。"吴垠在一边平静地说:"他们在发送导航的信号。"

南门二方向悬停着一艘小型飞行器,导航信号正是由它发来。远方的星海庄严而静谧,闪烁的信号衬得南门二似乎透出些许温情。沈棋皱着眉说:"或许这艘飞行器一直在南门二的特定区域巡航,起初对我们所有的遥感设备实施隐形,南门二的原住民始终在观测我们的动静,现在他们认为我们通过了考验,让飞行器现形……"

"暂时循信号前进,先抑后扬,看来这是他们的待客之道。"赵旸冷冷地说,"各位,我们不要被难以预测的困难吓倒。这只是第一关,准备好后续的冒险吧!"

神女峰

文／光　艇

一、梦境启示

如果死亡是旅程的终点，那么沉睡，便是驿站。

迈过驿站大门的那一刻，后悔已经来不及。尽管这不是周冰第一次凝视着脚下的深渊，但这一次，深渊掀起了前所未有的风暴，空气里，弥散着腐败的味道。

习惯了往日的平静，这突如其来的喧嚣，刺激着周冰的神经末梢。

"来吧，享受这迷幻的狂躁！"

周冰挥动衣袖，劈开深渊的黑雾，纵身一跃，急速朝深渊坠落。耳旁寒风呼啸，脚下冰晶凝结，他感受到了每一根毛发的颤栗。

时间在黑暗中流逝，坠落依然在继续，僵硬的四肢已经无法感受到寒风的冲刷。如果不是耳旁还能够听见风声，就差点以为自己又陷入了意识的虚空。

"再坠落下去，就要惊醒了！"

周冰不得不赶紧暗示自己，是时候主动出击了。

一股暖流迅速在四肢游走，凝结的冰晶随即融化。

浓雾散去，天光乍亮，深渊之下，竟是滔天巨浪。

脚下刚刚融化的冰晶，在周冰意识的强硬控制下，化作了寒冰冲浪板。

"浪起来吧！"

周冰不偏不倚落在了最高的浪头，冰与水碰撞带来的冲击感，从脚底传来。踏着浪花迎风冲刺，被海水轻抚的感觉，让他很是平静安详，甚至有种莫名的安全感。仿佛意识深处，有一片远古的记忆，正在被逐渐唤醒。

他再次调整姿势滑过浪肩，试图潜越到水底，离这种原始的呼唤更近一点。

四周又回归到如坠落深渊时一样的黑暗，海水的力量越发厚重，挤压身体带来的痛楚，让周冰更加确信远古记忆的存在。

身体挤压，心肺窒息，这种记忆似乎很稚嫩，又似乎很古老。

从黑暗中而来，脱离挤压，舒展心肺。

"出生记忆。"

原来如此，每一个自然分娩的孩子，都会留下这种出生记忆，这些记忆片段就藏在周冰的意识深处，而且还不是特别深的深处。

那么更深一点的又是什么？

周冰试图冒着窒息的危险，继续下潜。

大不了再死一次，这又不是第一次。

随着不断深潜，黑暗更加黏稠。身体被挤压得越来越小，意识也随着极尽崩离。在意识凝固成虚空的一瞬，他见到了远古的记忆，那是万物之源，那是意识之母，那是一张古老安详的面庞。

原始的记忆，散发着耀眼的光芒，将周冰仅存的一点点意识吸入其中。随着一束光芒划破天际，周冰再一次看到了久违的天光，深潜的极限，竟然是回到水面。

蓝天，白云，雪山，古刹。

"滴滴滴，滴滴滴，滴滴滴……"

这该死的闹钟。

二、重回古城

周冰一直不能理解，世上竟然还有人会失眠。只要自己想睡，就像关灯一样，随手关了自己的大脑，即可进入睡眠状态。

入睡之后的周冰，也就不再是完整的自己。支离破碎的意识，在驿站里四处逃窜，大部分碎片迷失在了记忆的深渊。仅剩的一小部分，靠着微弱的记忆丝线，在深渊的表面，搅动出多彩的气泡，得以在梦醒时分，被捕捉下来。

"你大周末被自己闹钟吵醒了，就跑来我这里跟我炫耀你又做了一个奇怪梦？"张鹏随手抄起一个人形抱枕丢周冰脸上。"你要当年的照片，书架上那个古董硬盘你自己找去，别来打扰我。"

这种 1T 的老式硬盘，如今早就没人用了，好在数据还在，去古董店淘一个转接口，竟然还能够读取出来。

十年前，周冰刚大学毕业，跟着张鹏一起，阴差阳错被分到了一个叫雪松县的鬼地方工作实习。

那是一个位于四川西北的山区小县城，刚经历大地震没几年，国家卯足了劲儿给这些县城扶贫攻坚，一栋栋钢筋水泥大楼矗立在河沟两岸，一车车城里人来这里支援建设。

周冰跟张鹏也不过是这些支援大军当中的两员，到头来，国家修的大楼，大多闲置，宽敞的公路，也看不到几辆车。好在这地方毕竟是去九寨沟景区的必经之路，勉强跟着沾光，依靠旅游产业也算发展得不错。

这样的山区县城地广人稀，原本羊群走哪儿，人就跟去哪儿的游牧民族，逐渐聚集在了沿河两岸。主城区夹在两座高山之间，依靠着沿线河流，道路枢纽，为数不多的中老年牧民成为了城里人，国家所提倡的现代化建设，也初步完成。

三、向导黑娃

十年过去了，张鹏还是被周冰拉着拽着再一次回到这里。

雪松县，勉强还能够看到当年的模样，楼还是当年的楼，路还是当年的路，轰轰烈烈的建设，仿佛在当年之后也慢下来脚步。河滩的水草如今比人还高，两岸的高楼已被绿色植物环绕，垮塌的山体改变了原本的河道，零零星星的幡旗掩映在一片苍翠之中。

值得欣慰的是，古城楼国道两旁，还能够看到几家门店。

"这里的年轻人，都出去了。"看店的老太太看到有人前来，主动上前搭话，"两位买点啥呀？"

"两瓶水，不用找钱啦。"周冰递给老太太一百块。

周冰随身带的行李里并不缺水，这一百块就当是停车费。

"真搞不懂，这鸟不拉屎的地方，为啥非要来？"张鹏在一旁嘀咕着，话音未落，一辆改装皮卡呼啸而过，扬起的灰尘扑了张鹏一脸。"嘿，什么玩意儿？"

老太太接过钱，低着头乐呵起来，领着周冰把汽车停进了自家院子，还把自家小孙子黑娃介绍给二人当向导。

听说二人要上山，这十六岁的小鬼头眼睛闪过一丝恐惧。虽说这雪松县海拔四千多，也不算太高，但有个本地小伙做向导心里倒也踏实不少，周冰掏出一包小麦饼干给了黑娃。黑娃一看有好吃的，眼睛一下就有了光彩，蹦着步子就跟了上来。

"就是这条上山路，走吧！"黑娃倒也轻车熟路，有模有样地走在前面，倒有几分导游的模样。

"先说好，我只能领你们上山，下雪的地方我就不能去了。"

"为什么呀？"

"阿婆说的不让小孩子上雪山。"

黑娃回过头来，望着家的方向，停下来脚步。

"放心好了，我们只是到半山腰看看雪，你到那儿就自己回来好不好？"

黑娃点点头，没有做声。

赏雪，当然不是那么简单的。周冰这大包小包的装备，显然是有备而来。虽然雪山不高，就算不去登顶，自己也准备了充足的攀登装备。

除了基础装备，周冰还随手拎着一个铁皮箱子，对黑娃来说，那些都是他从来没见过的黑科技。

周冰心里清楚，此行若有意外，也顶多无功而返，；若无意外，就当了却一桩心愿。

三人行进了半小时，据黑娃统计，路上已经发现了四组梅花脚印，周冰掏出照片对比了下，果然跟十年前的相差无几。黑娃说，这是狼的脚印，也有可能是狗的脚印，但是附近养狗的已经没几家人了。

"别怕，叔叔有大家伙，有狼咱也不怕。"张鹏拍了拍自己背包，里面传出金属碰撞的清脆声音。

黑娃提溜转的眼珠子，并没有表现出丝毫的恐惧，倒是对张鹏的背包充满了好奇。

行走到一处白石方凳处，周冰打开自己的铁皮箱子，从里面掏出一只四轴无人机。

"哇，飞机！"黑娃立刻围了上来。

"这个不是飞机哟，叫无人机。"周冰让黑娃摸了摸机身，"叔叔给你拍个照好不好？"

周冰举着无人机对着黑娃，"说茄子！"

"茄子！"

设置好程序之后，无人机先行一步，继续向高处探查路况，黑娃见无人机飞走了，硬要快着步子去追。

四、苍穹之眼

"叔叔，我不舒服，想吐。"黑娃找了个平台宽敞的石头坐了下来。

周冰也坐下来，开始从包里搜索着干粮，随便给黑娃也丢了一包。"是不是饿了，来，吃点东西。"

"还别说，我也有点想吐。高原反应？"张鹏从背包深处掏出一个药瓶子，"幸好我带了药，你要不？"

黑娃点点头，还以为是吃的，结果一看是药丸，立马摇头拒绝。

"咱就在这歇会儿吧,雪线也不远了,我拍几张照片,咱们就回去。"

周冰看着无人机已经飞远,差不多找好了角度了,随即从铁皮箱子里掏出威视眼镜戴在头上。

"帮我看看周围,有啥情况记得叫我。"

威视眼镜相当于十年前 VR 眼镜的加强升级版,其几乎为零的延迟,堪比人眼分辨率的画质,搭配无人机稳定摄像技术,已经可以完美做到让人足不出户,却能够像鹰一样翱翔天空。

而自己手里的这款,便是最新的版本,代号苍穹之眼。

"嘿,你小子买新装备都不吱一声,哪天让哥哥耍一哈最新的倩女幽魂哟!"十年过去了,这类装备已经摆脱不了成为游戏机的命运。

张鹏索性把周冰的背包拉过来继续扒拉着,"看看你小子还带了什么好玩意儿,给我们小黑娃也找一件耍耍。"

"你可别乱动我的东西,弄坏了打死你。"

"放心,大不了赔你就是了。"张鹏继续翻找着。

一旁的黑娃看着带着奇怪眼镜的叔叔砸吧自己的小嘴,这东西要是能吃就好了,黑娃心里盘算着。

无人机已经飞过雪线,盘旋在百米高空,周冰晃动着脖子驾驭着无人机找到最好的拍摄角度。

蓝天,白云,雪山,古寺。

梦里的画面,再一次出现。

"嘿,这是什么玩意儿,游戏机吗?"

一听见游戏机,黑娃赶紧跑回张鹏身边,再回头看看巨大眼睛的怪叔叔,竟然觉得像极了傻子。

"想不想玩?"张鹏朝黑娃举了举手中巴掌大的设备。

"滴滴滴,滴滴滴,……"

"什么声音，你弄啥了？"

五、神秘黑影

周冰忽然意识到什么，威视眼镜还没摘，循着声音，摸索着关掉了所谓的游戏机，只剩下张鹏和黑娃面面相觑。

"先别说话。"来不及摘下威视眼镜的周冰，做了一个不要声张的手势，"嘘。"

原来他戴着眼镜也能够看得见呀，黑娃心想那我刚才做的啥表情，他都看见了？

"一个坏消息和另一个好消息，你们想听哪一个？"周冰一边说着，一边摘下威视眼镜。

张鹏一脸惊愕，刚想发作，到嘴的话又吞回了肚子，因为他在摘下的威视眼镜的画面上，看到了三五个陌生的身影。

周冰原本只是想重登这座小雪山，顺便让无人机拍一拍梦境中的雪山古寺。可就在刚才那个设备响起滴滴声的时候，自己不经意回头，正好让无人机从空中拍到了自己身后画面。

就在离他们不到一百米的地方，五个迷彩制服的身影，正在向雪山攀登。

来者不善，善者不来。这鸟不拉屎的地方还有别的游客也不是完全不可能，但这一身装扮的显然不是普通游客。

"怎么办？"张鹏赶紧收拾自己的东西，"十分钟后他们就会到这里。"

"还能怎么办，赶紧跑呀。"

三人迅速收拾装备，山路只有一条，没办法，只有硬着头皮往上爬了。

"如果我没看错的话，寺庙就在前面两百米，咱可以进去躲一躲。"

三人慌不择路，张鹏推攘着黑娃继续向上爬着。

半山腰还是湿润草皮，这一靠近寺庙，就已经是满地积雪，深一脚浅一脚，踩着咔咔作响。

"叔叔……"黑娃停下脚步，回头盯着周冰"我们又没干坏事，我们为啥要跑呀？"

慌乱之中能够保持理智，实属不易，但忽然停下了的黑娃险些被周冰撞倒在地。

"小朋友你不懂，那些人看着一点都不像好人。"

黑娃只得继续前行，说好的不过雪线，现在鞋子已经被雪水浸湿。

六、无面巨像

足足十分钟，才终于来到古寺门前。

红墙绿瓦盘龙柱，石狮铜钟登仙台。

十年过了，这雪山古寺也不再是原来模样，哪怕远离人烟香火的侵扰，可还是没能逃脱风霜雨雪的侵蚀。

当年寺门紧闭，未曾拜访，如今寺门崩坏、蛛网横斜，屋顶青瓦脱落，脚下残渣遍地。

"这门都朽烂了，进不进去有啥区别。再说这一路的脚印，躲起来也没啥必要。"张鹏索性坐在了门槛上，"我刚才跑路的时候已经报警了，万一有啥意外，希望我爸妈还找得到我，不管活的还是死的。"

最后那一句声音轻得也就只有旁边的黑娃听得见，一听见生死，黑娃的眼泪花子一下就落下来了。

"哇，我不想死呀，我还没有娶媳妇咧！"

"瞧你那点出息，别哭啦，我们不会死的。"周冰上前摸着黑娃的脑袋安慰道。

"呕……"一声呕吐，短暂缺氧的大脑，让张鹏失去了平衡，慌乱之中挥动着双手想要扶住什么。

在快要倒下的瞬间，张鹏终于扶住了一旁的石柱，可柱子已年久腐蚀，发生了轻微的倾斜，房梁上的瓦片哗啦啦落了下来，砸在黑娃的面前，碎了一地。

"小心！"

还好没砸中，不然周冰二人还不知道怎么跟老太太交代。

逃过一劫的黑娃也止住了哭声，抬头一瞬间眼神却呆若木鸡。原本崩坏倾斜的门板，也在刚才的声响中轰然倒地，昏暗的寺庙内部，瞬间有了光亮，一具高大威武的人影，从飞扬的尘土中显现出来。

黑娃想跑，想逃离，可僵直的双腿像钉子一样矗在原地。

有瞬息之间，匪夷所思，三个木头人僵立在雪地中。

尘土散尽，人形毕现。原来这高大的黑影是一尊未曾见过的佛像，其无面无缝，无手无足，仅仅以一个人的轮廓形式，树立在寺庙大堂正中。阳光洒进，泛着零星的金属光泽。

"这是什么？"

黑娃这才吓得躲开七八步，而张鹏却忍不住好奇，慢慢靠近去打量。

看着这尊似金属又非金属的佛像，周冰似乎意识到什么，反身从背包里找寻着刚才的那个像游戏机的设备。

"果然，这里有超强的电磁辐射。"

"辐射？要死啊。"张鹏立刻转身跳开，足足跑了十步之远。

"电磁辐射！"周冰着重强调，"一般是没有危险的，这就是你刚才打开设备的声音。"

周冰把声音调大，果然又想起了刚才的滴滴声。

"叔叔，什么是电磁辐射？"

"就是……就是一种我们都看不见的光，一般情况对人是没有伤害的，就像阳光一样。"

"可是太阳晒久了会黑！"黑娃嘀咕着。

"哈哈哈，小朋友真可爱！"

一个粗大嗓门的声音从远处传来，三人完全没有意识到，就在寺庙逗留的这一小会儿，刚才山下的一群人已经追了上来。

七、巨像之环

黑娃吓得快步躲到张鹏身后，纤细的胳膊抱住了张鹏的大腿，还把张鹏的背包迅速拉到自己的身边，他还记得里面装着可以对付野狼的秘密武器。

"不要吓唬小孩子，兄弟！"狭路相逢，是敌是友尚不明确，但周冰只能搏一搏了。"兄弟几位，也是来看雪的？"

"赏雪？哈哈哈，他说赏雪！瓦器！寺楼？"

粗鄙的嗓门，夹杂着蹩脚的中式英语，看来人群中还有外国人，那这群人更不可能是等闲之辈了。

"兄弟，我们三个就是爬山玩玩，咱雪也看了，玩也玩够了，就不奉陪了。"周冰将背包拽上肩，招呼着两人准备撤离。

"想走！别急，咱哥几个刚来，怎么着也得陪陪咱看看雪。"

人群中拎着家伙的一矮个子站了出来，蜡黄的脸、扭动着脖子，将手里的金属玩意儿晃悠着。

看来是走不了了，周冰索性环视了一圈，来的就是刚才的五人，除了这粗嗓门、矮个子，还有一光头黑人，金发女孩，以及一个蒙着面身形单薄的老人。

"小盆宇，不要爬，窝门不是怀人。"

人群中的金发女孩说着一口蹩脚普通话慢慢朝黑娃靠近。

"别整那些没用的，干正事儿。"

粗嗓门一转戏谑的态度，径直朝寺庙大堂走去。

原来这一群人，正是冲着石像来的，周冰给张鹏使了个眼色，摇了摇头，咱只要不轻举妄动，应该也不会有事。

矮子和光头也跟了上去，三人围着石像转了一圈，将周围的残垣断壁清除干净。

金发女孩越过黑娃，直奔石像，随着女孩离石像越来越近，满头金发也四散炸开，宛如一朵盛开的蒲公英。

"是主人！"

寂静之中没有说话，其余四人就像听到命令一下围到了面具男身边。四人八手，上下齐动，将面具男原本的服装一块块拆开，剥落的布片散落了一地，逐渐露出隐藏在其中的躯体。

趁着四人刚才收拾残片的空档，周冰三人已经挤在了一起，敌不动我不动，只能静观其变，但眼前出现的一幕，又一次震惊了三人。

随着最里层白色单衣的脱落，露出的是一副跟无面石像一模一样的身躯。

"你们两个，丢下背包，举起手来，往这边走！"

矮个子挥着手里的金属家伙，示意周冰二人靠近石像。

"想活命就快点！"

黑体一样的老人，早已站在石像正前方，其余三人紧随其后，周冰跟张鹏被安排在靠近石像最里的位置，六人成正六边形围在巨像四周。

金发女孩拉着黑娃的小手，不断跟他嘀咕着好人之类的字眼。

周冰感觉到了来自石像的力量正在自己体内流动，自己的双臂不知觉的高高举起，自己尝试挣脱，却被石像吸得更紧，伴随一股炽热的电流，六人的身体紧紧地贴上了石像。

灼热的光芒之后，便是无尽的黑暗。

周冰意识到，自己已经进入到一个未曾踏足的空间。

八、第四行星

"我们没有别的选择了么？"参议员周冰提出最后的请求，"既然如此，那请告诉我们，最后的结局会是什么样子。"

议会大厅的上空，呈现出绚烂的色彩。

舰队已经集结完毕，伴随着一声令下，千万只黑色的舰船，破土而出，直插云霄，冲进浩瀚的星空。舰队发射的火焰炙烤着大地，热浪掀起的风暴巨浪，彻底摧毁地表所有的生灵。

太阳系第四行星迎来了它的末日，尘埃散尽，万物归一，它已经完成了自己存在的使命，化作一座安详的墓碑。而与此同时，它孕育千年的子民，奔赴星空，迎来自己崭新的征程。

周冰忽然意识到自己闯入到了一个陌生又熟悉的躯体，自己这辈子都不可能是什么议员，而刚才的太阳系第四行星的画面没看错的话，那么这里应该就是当年的火星。

"进化是种族的必然，牺牲再所难免。"

议会元老的声音响彻大厅，每一个人都知道牺牲意味着什么。尚有六分之一的子民，无力承担进化的物资，只能在贫瘠崩坏的大地上，度过他们短暂的余生。

他们可能是孩子的父辈祖辈，也可能是相伴终生的伴侣，更多的他们，没有选择的自由。一方不大的土地，就让他们苟活了一生，他们甚至没有意识到自己将是文明的牺牲品。

"如果进化是种族的必然，那谁在决定舰队的航向？"议员张鹏提出了新的疑问，"飞向星空的舰队，将会是怎样的命运？"

那议员分明是一张陌生的脸，可周冰却以为那是张鹏，这种错误的主观判断，经常在梦里发生。而眼前的这一切，仅仅只是梦境。慌乱之中，他从桌上杯中看到了自己的脸，那是一张线条柔和女性的脸。

自己竟然成了火星女议员！

一旦接受了这种设定，那就只能做好享受剧情的准备。

议会的上空再一次浮现各种可能的画面，火星舰队将在议会科学团的指引下，前往最近的半人马座星系，经过改造开垦，将其打造成为第二个火星。

对星空的探索已近千年，在火星的文明史册上，也至今没有找到更完美的家园，但进化已是必然，人们只能继续向前。半人马座星系，已经是科学探索给出的最近的恒星系。而舰队到达那里，还需要舰队几代人的更迭。

可是如果记得没错的话，在周冰这个地球人的记忆里，半人马座至今没有发现文明的迹象，如果当年火星真的存在过移民，那么他们的计划早就失败了。

想到这一点，周冰立刻意识到事情的严重，如果这场议会不加阻拦，火星舰队将走向一条不归路。可是仅凭自己一个小小的议员，而且还是女议员，又该如何才能阻止这场悲剧。

"既然进化是种族的必然，那为什么不让种族自己决定，非要让议会科学团决定呢？"周冰有点分不清到底是自己在控制女议员，还是女议员原本就这么想，"万一科学团错了，那整个火星文明岂不是都将就此终结，我想，这不是我们议会能够承担的责任。"

九、古老面孔

粗嗓门依靠着石像，矮个子瘫坐在地上，张鹏打着呼噜，黑人留着口水，周冰这才意识到自己又回到了地球，或者说他从未离开。

不知道时间过去了多久，周冰正想问一旁的黑娃，才发现金发女孩跟黑娃早没了踪影。环顾四周，寺庙的空地上已长出半人高的杂草，屋顶的积雪已不见踪影，但远处的雪山依旧耸立，看来是石像的能力造成了这一切。

率先清醒的矮子拍醒了同行的队友，落满尘土的寺庙大厅，五个男人一时不知道该如何开口。

"老大呢？"矮个子低头四处搜寻着自己的家伙。

"美妞呢？"粗嗓门发现金发姑娘不见了。

"黑娃呢？"张鹏还惦记着他的黑娃。

"你们两小子搞什么鬼，我们老大呢，信不信弄死你。"矮个子终于在草堆里找到了他的枪，可摆弄了两下发现已经不能使用。

"发生了什么，我只记得我被电了一下，就莫名其妙睡着了，睡得真舒服。"张鹏完全无视矮子的警告，自顾自地伸着懒腰，"我们睡了多久？"

周冰指了指院中的杂草，"我们来的时候可没有草呢。"

"什么歪门邪道，找死呀！"说着大嗓门的拳头就朝张鹏抡了过来，张鹏躲闪不及，肩膀硬吃一拳摔倒在地。

周冰见状立刻上前帮忙，赤手空拳不一定打得过，但总得试试。他先用自己的后背扛了对方一拳，反身用肘尖直戳对方腰腹，趁对方吃痛之时，扭住对方胳膊全力一摔。

另外两人见队友吃亏，也跟上了帮忙，矮子不知从哪里掏出短寸匕首直挺挺刺了过来，周冰躲闪不及，只能眼睁睁看着刀尖插向自己的胸膛。

就在刀尖靠近胸口的一刹那，一股无形的力量，将矮子推出一丈开外。随即空气中再度流窜着一股股劲道的电流。

众人回头才发现，原本平静的石像开始剧烈的颤动，石像表面不断有崩裂的碎片滑落下来，裂开的石像开始显露面孔肌肤的线条，那是一张似曾相识的面孔。

周冰曾在杯中的水面见过的面孔，曾经在意识深处见过的面孔。

随着面孔线条的显露，石像的正中也裂开一扇石门，黑色的身影从光芒中走了出来，正是那消失的黑老大。

黑老大不曾言语，但是在场的每一个人都感到来自她的声音，那是一个亘古绵长的女声，只传达出了一个意思。

"谢谢。"

黑影头部的盔甲缓缓散去，透明的面罩下，竟是一张古老清秀的面庞。

"我当初选择了留在这里。"

只有周冰听见了那个自己再熟悉不过的声音。

面罩再度合上，石门重新关闭，颤动的石像逐渐变化成舰艇的模样，冲破寺庙的屋顶，在雪山的目送下，飞入天际。

好在雪崩不大，身上只覆盖了浅浅的一层雪，周冰将张鹏从雪堆里挖出来时，发现那家伙睡得正香，摇醒他时，发现他的记忆到半道上后面就没了，完全不记得什么古寺什么石像的事情。

两人顾不及那么多，只得一路狂奔冲下山来。好在当初买水的门店还在，老太太却不见了踪影，一个肤色黝黑的小哥守在门前。

"两位大哥，这里，这里。"店老板老远就朝着两人招手。

"我就知道你们还会回来的，车我还给你们守着呢。"老板搓着双手，漏出一口大白牙，"就是发动机有点问题，一直没空修。"

"先别管车，我问你，前面那座山叫什么名字？"

"我记得阿婆说好像叫神女峰。"

"山上有座寺庙，庙里有个石像你还记得不？"

"什么庙，什么石像，哪有，没听过。后来警察来了也还不是啥都没找到，算起来你们已经失踪三年半了。"

周冰有些分不清，被石像篡改记忆的，到底是自己还是别人。记忆是什么，意识又是什么，管他的，现在首先该想想怎么跟爸妈们解释这失踪的三年半。

时空之母

文 / 天降龙虾

他来自黑域的深处，属于被抛弃的一族。他曾亲眼目睹邪神无数细长的触手，如挂在天地间的雨帘，轻抚过每寸大地，凡被触及的生灵全被卷走，无一例外。现在，他正驾驶着那艘奇形怪状的飞船，跨越暗与明的界线，赶赴一场精心谋划的约会。

苏茜早早地赶到了预定地点，等待着首次会面的朋友。她驾驶着最能象征她地位的大型飞船，在航天港附近迎接那位擅长撰写克苏鲁神话的作家。

连接着银河系各个角落的时空虫洞中，来自遥远星球的航班进进出出。苏茜略带骄傲地欣赏着这些。尽管她的物理和工程学知识少得可怜，完全不懂得如同奇迹一样的即时穿越是如何实现的，但她跟银河中所有人都知道，假如没有她的家族工厂里产出的负能量，虫洞就无法稳定开启。如果那样，银河将变成一片不可逾越的荒漠，每个星系都会陷入孤立，即使最简单的沟通，也需要耗费成百上千年的光阴。

就在苏茜快要等得不耐烦的时候，从虫洞中闪出一艘外形极其怪异的飞船，活脱脱一只巨大的触手怪物。

与此同时，通信器里，预约碰头的作家朋友那熟悉的声音终于响了起来："哎呀，真不好意思，让你久等了。我不常出门，进错了好几个虫洞，甚至差点跑到终点航线上去。要不是时空站员的提醒，我这会儿搞不好快到银心了。"

苏茜伸个懒腰："原先打算请你在航天港吃点美食的，可惜你来得这么迟，本小姐没心情了。你不是主要想参观我家的工厂吗？也别下飞船了，咱们直接启程吧。你的飞船样子好怪，设定好随同模式，我这就带你去开开眼界。"

"哈，太感谢了！早就听说负能量是从巨大的触手生物——时空之母的卵囊中提纯出来的，而且这种生物全银河就只在你们家族的黑域星系附近活动，能近距离观赏采风，真是三生有幸啊！"

苏茜对朋友的这番恭维很无所谓，转言道："我说伍德，你那飞船的样子越看越恶趣味啊，是定制的吗？"

作家伍德·达克不好意思地答道："我哪儿有那么多钱去定制飞船啊。这破船是我在赌场从一个古玛星人手上赢来的。你也知道，古玛人的审美，连意面大神都搞不懂啊。不过我倒觉得，这船跟我的创作风格挺搭的啊，你觉得呢？"

苏茜忍不住笑了起来。伍德见她终于从对自己迟到感觉不快的情绪中松脱了出来，暗暗缓了口气。接着，他装作很惊讶地问道："咦？你真的就自己开了一艘飞船出来了啊？我还以为像你这样的能源帝国的公主，出门都得有一支私人军队护送呢。"

苏茜没好气地回道："不好意思，让您失望了。本公主从来不喜欢被人前呼后拥地出门，私人军队什么的，完全不需要啊。我这飞船上的自卫武器，足够把一艘重型太空战舰给击沉了。如果不信的话，你可以试试挟持本公主，看你那艘破船在被肢解前，能坚持几秒钟。"

达克先生顿时心虚："岂敢动那心思。我要真想绑架公主殿下，除非是不打算在银河系混下去了。"

两人像平时一样地闲聊着，苏茜突然就停在了一片太空间。她的作家朋友不明所以，略有些焦急地问："怎么？你的飞船坏了么？"

苏茜说她想要玩个游戏，让伍德取消飞船的自动随同模式，手动驾驶飞船跟着她走。随着动力强劲的豪华型私人飞船越开越快，跟在后面的触手怪物显得有些手忙脚乱。尽力避免被甩开的伍德完全没有注意到，自己正在茫然地闯入一支浩荡前行的队伍中。

直到长达数百公里的细长肢体蛛丝紧紧缠住自己几十米长的怪形飞船，伍德才意识到周围已经充满了半透明的亚成体时空之母。深植在本能中的恐惧感，使他拼命想要逃出邪神的魔掌，可他越是奋力挣扎，缠绕上来的细肢反而越多、越紧。

正当他吓得即将昏迷的时候，几束离子炮干脆利索地切断了所有碍事的触手，使其顺利从绝境中解放了出来。

听着伍德因惊吓而传出的粗重喘息声，苏茜用带着几分失望的口吻道歉："对不起啊，我本来只想开个玩笑，没想到你会吓成这样。其实，这里是时空之母从亚成体生长地，向成体繁殖地迁移的行经之处。你真没必要这么害怕，它们虽然个头长得非常巨大，实际上很容易对付。即便没有武器，只要调整飞船推进器的喷口，就能烧断它们的触角，轻松逃掉。"

惊魂甫定的伍德只得自嘲地解释说，自己擅长写克苏鲁神话，就是因为自己从内心里对长有很多触手的东西怕得要死。他开的那艘飞船也是为了掩饰这一点，事实上要是从飞船上走出来，他都会尽量让视线避开自己的飞船，以免引出深藏在心底的那份恐惧。

苏茜对居然有人会专门去驾驶一艘能让自己害怕的飞船，以此来掩饰自己的害怕这点，感到非常不可思议。他俩远远地跟着迁移中的那队时空之母，前往其最终的长成和繁殖地——黑域星系。

能源帝国的公主有意考考这位参观者："对黑域星系，你了解多少？"

"听说，它是整个银河中影质资源最丰富的地方。时空之母们会在这里吸取影质中蕴含的负能量，完成从亚成体向成体的转变，然后在附近交配、产卵、死去。我说得对吧？"

导游员苏茜补充道："差不多。只是这些时空之母并非自然生物，它们是我的祖先改造出来的活体工具，不能自己产卵和孵化。成体在死亡之前，会带着成熟的卵囊主动离开黑域星系，飘移到我们的工厂所在区域，最终死于影质污染所引发的丧尸病。"

"丧尸病原来真的存在啊！"达克用极为震惊的语气说道，"影质会富集于生物体内，并影响到生物细胞的新陈代谢，一旦生物体适应了这种影响，便再不能逆转回原来的代谢节奏。如果环境中的影质密度低于一定程度，生物体内富集的影质便开始流失，细胞便会逐渐衰竭、死亡，整体上呈现出活体腐败的现象，因病状很像传说中的丧尸感染，便被俗称为'丧尸病'。"

苏茜很惊讶："咦？你怎么了解得这么清楚？"

伍德表示自己只是对罕见病比较感兴趣，何况黑域星系是有名的航行禁区，众所周知的原因就是由于这种无药可治的丧尸病嘛。掩饰过后，他转而问道："对了，有传闻说，黑域星系中不时有异空间怪兽出没，你见过吗？"

这问题逗得从小就生活在黑域星系边缘的苏茜哈哈大笑。黑域星系由于密布着影质云，能见度确实极差，传说里面有几颗巨行星，现在只能模糊地看到星系中心橙黄色的恒星，别的什么都看不到。连大批时空之母进入后，究竟去向了何方，外边的人也是完全无法知晓。不过，异域怪兽那种事，可是从来没有发生过。"这里唯一的怪兽，大概就是你开来的那艘飞船了吧。"

两人说笑过后，女主人问访客接下去是否还要到负能量生产厂看看？察觉到对方话语中的不情愿，伍德便询问是何缘故。

"其实……"苏茜温柔地说道，"我总是觉得这些时空之母很可怜。它们作为活体工具，源源不断地从黑域的影质中析出负能量，维持着整个银河系的交通和通信。而它们自己却一代代地死于丧尸病的折磨。尽管它们没有大脑，全无智识，可我们又做了什么呢？所谓的负能量生产厂，实际上只是些尸体处理车间，抽取出蕴藏在时空之母遗体内的负能量，再把腐烂的肉送回到亚成体的成长地，用作下一代时空之母的食料。知道么，每次想到这些，我都觉得很恐怖！"

一阵沉默之后，伍德说道："既然这样，那咱们就别去工厂和亚成体的成长地了，正好我也挺害怕它们的样子的，估计就算是死了的时空之母，也足够让我做噩梦了。不过，除了提取负能量之外，工厂总还会把一部分受精卵送到孵化地的吧？我听说，时空之母的幼体可是非常可爱的，孵化地更是有名的观景圣地，堪称仙境啊。"

提到孵化地，苏茜顿时来了精神，那是她最喜欢流连的地方。她提醒达克，准备好最高等级防护的太空服，他们要去的地方，可是极度寒冷的。

时空之母的卵有足球大小，孵化温度需要保持不超过绝对温度33度(大约摄氏零下240度左右)，还需要一些其他苛刻的环境条件。那些条件碰巧造就了孵化地整整一个星球水晶宫般的绝美景致。

看到穿着太空服走下飞船的伍德，苏茜打趣道："你要再不从里面出来，我可能就会怀疑那飞船其实就是你本人了。"

伍德摊开双手："你不是见过我的样子吗？"

"通讯器里看到的，谁知道真假？"

"这么说，你的样子，可能也是经过了美化的？"

为了减少辐射散热，高防护性太空服的头盔都是不透明的，所以他们并不能看到彼此的脸面。可就算隔着裹得严严实实的太空服，苏茜作为年轻女性那高挑、美丽的身形特点，还是一览无余，自信的她根本不屑于为自己的美丽做任何辩护。

正在这时，警示灯亮起，很多小型自动飞行机器人开始忙碌起来。苏茜解释说，这片区域的时空之母已经发育成熟，正在破壳出世，那些飞行机器人是负责将它们驱赶到一起，好送往成长地的。

说完，苏茜紧跑几步，捡起地上几枚卵壳透明的蛋，看着里面游动的幼小时空之母，尝试着用新生的触手刺破薄薄的蛋壳。她小心翼翼地帮助它们从蛋壳里出来。由于体内残存有来自上一代的负能量，这些时空之母的幼体天生便能不受万有引力束缚，在空中自由飘浮。看着苏茜缓缓托起、放飞一只又一只小小的时空之母，那样子宛若向宇宙播撒生命种子的女神。

当千千万万只淡黄色、半透明的生命之母幼体齐齐飘荡，那震撼的景象简直把伍德·达克惊呆了。他做梦也想不到，恐怖的邪神竟然会有这样美丽、可爱的一面。可是，隐隐从全身各处传来不断增强的疼痛感觉，提醒着他必须尽快完成自己的任务。

悄悄从身后抽出强震眩晕棒，他瞄准苏茜的后颈，掀起了开关。

从昏迷中醒来的时候，苏茜发现自己被伍德绑在了他飞船的乘客座位上。

"嗨,你好歹是个作家,能不能不要干这种绑架的兼职?说吧,你想要多少钱?"自由散漫的苏茜小姐早已不是第一次遭人挟持,对目前的情势,她甚至已经开始习惯了。身为银河系最大超时空能源供应商的千金,没有谁比她更清楚自己的身价,不会有人敢真的去伤害她的性命的。

坐在前排驾驶位上的伍德·达克只是轻叹口气,回头冷漠地看了一眼。然而,他这一回头,却让原本镇定自若的苏茜惊出一身冷汗:"你,你染上了丧尸病?怎么可能?黑域星系已经被列为航行禁区上千年了,其他地方的影质密度根本不足以引发这种疾病。很久以前,我们工厂里负责处理时空之母尸体的工人偶尔会有人感染,但在几百年前,那里就只剩下全自动机器人长期驻留。除非……天哪!该不会……"

绑架犯脸上此刻正逐渐增加的组织坏死区域,确实是因体内影质流失所引发,的确是如假包换的丧尸病症状。强忍疼痛的伍德回复道:"没错,我就是黑域人,我们并没有被赶尽杀绝。千年前的那桩惨案的传说,完全是真实的。"

苏茜震惊得浑身发抖。那是个关于她的家族起源的黑暗传说:在千年前没有大量负能量稳定供应的时代,星际航行只能采用史诗级漫长的近光速行驶来完成,偶尔遇到罕见的影质资源富集区,才能艰难地提取出少许负能量,进行一次时空跳跃实验。这种情况一直持续到她的祖先发明了利用时空之母批量生产负能量时为止。

据说,黑域星系原本只是一块普通的影质资源富集区,跟现存的其他影质资源区一样,仅有极其稀薄的影质飘散在空间中。后来,她的祖先跟一群科研学者来到了这里,不知用了什么方法,使这里的影质资源出现了井喷式的增加。按正式的说法,最后的影质增殖试验开始前,苏茜的祖先因偶然的事情运往了星系外围,意外迅速暴发的影质喷射，使留在星系内的科学家全体感染了丧尸病，并在不久之后纷纷去世。

可是，有种传言却说，其实在发现过浓的影质环境会引发丧尸病后，科学家们就决心世代留在黑域星系内，为更深入地开发影质资源和超时空技术进行钻研，但苏茜的祖先为了独占这片影质矿藏，竟从星系外围派机器人防卫军团，血洗了位于黑域内一颗行星上的科研机构，杀死了所有的科学家。

那时没有连接银河系各处的超时空虫洞，等有别的星际航行队伍到达，已是数十载之后了。后续人员在首批科学家遗留资料的基础上，发明了目前这套可以稳定获得负能量的生产体系，而技术和黑域星系影质资源的所有权，自然地属于了苏茜的祖先。

被绑架的受害者，转眼意识到自己似乎变成了罪孽深重的加害方。她用颤抖的声音问道："你们怎么可能活下来的……不，你们……你们想要怎么样？"

强忍浑身剧痛的伍德，努力克制着内心的悲愤之情。历史记载，他们一族被抛弃后，惨遭武装机器人的追杀，科研设备和生产生活设施也全被摧毁。祖先们在恶劣的生存条件下东躲西藏了好多年，待确认机器大军已永远撤出之后，才开始一点一点地从零开始，恢复文明。那些时空之母在黑域外表现得美丽、脆弱，但当吸取了影质、积攒了负能量后，它们的细胞构成会发生不稳定相变，成为幽灵般的恐怖存在，完全杀不死。

不仅杀不死，体型巨大的它们还会用触手探索、滤食高密度影质，甚至会把人和动物体内富集的影质强行吸干，使人迅速死于影质流失所致的丧尸病。伍德·达克怀疑，苏茜搞恶作剧让他陷入半成体时空之母群中的时候，那些邪神就是嗅到了他身上缓慢流出的影质的味道，才在瞬间就用触手死死缠住他的飞船的！

不过，这一切并不是身后女孩之罪，她的震惊显示她似乎根本不清楚那传说居然会是真的。伍德深呼吸，平复下心绪："我们不想干什么，只想设法拿回属于我们的东西。不知你注意到没有，在孵化地的时候，我的飞船没有降落，而是持续在空中盘旋，那是因为它在自动喷洒一种能自动增殖的物质——人工元素'泽尔塔'。它会随时空之母的行动扩散，像传染病一样污染所有地方。这东西只能在黑域外感染时空之母，被感染的时空之母将不能再产生大量负能量积存于体内。换言之，你们家的企业很快就会因无法完成供货合同，面临大量的违约赔偿，即使是银河第一富有的垄断经营者，也会支撑不住的。更别说，被感染的时空之母，绝对无法恢复正常。"

苏茜的身体瘫了下去："你们知道自己在干什么吗？我能理解你们要报仇的心情，可请不要殃及无辜啊！难道你们想让整个银河系的星际交通彻底瘫痪吗？"

擦拭下面部坏死皮肤渗出的血清，伍德尽力解释："放心，我们不是丧心病狂的复仇者。这几百年来，我们在努力重建文明体系的同时，也未中断祖传的影质开发事业。我们已经发明了比时空之母更高效的提炼负能量的办法。当你们的企业垮台的时候，我们会接手向全银河供应负能量的业务，不会有任何问题。你知道的，千年前的罪行早已过了追诉时效，我们要从你们手中夺回对黑域影质的所有权，别无他法。"

听到这里，人质稍稍松了口气，随即问道："那么我呢，你打算怎么处置？"

越发剧烈的疼痛令伍德把身子微微蜷了一下，他说："本来你只是骗来当做通行证的，可是预先计划的把泽尔塔也播撒在时空之母成长地的步骤未能实施，你不愿意去那里我也不敢强求，所以现在我得拖延点时间，让泽尔塔顺利扩散出去。绑架你再索要赎金，是个把他们的视线暂时从生产细节上引开的好办法。勒索信息已经发出去了，下面我只需要把你在飞船上藏几天，不让人找到就好。可惜呀……我的身体怕是顶不住了。看来，我只好带你一起返回黑域星系了，实在抱歉，今后你只能像我们一样，永远待在黑域内部，不能长时间离开了。"

自小就在银河系到处旅游惯了的苏茜，想到自己以后就要因丧尸病而被囚困在区区一个星系之内，内心涌起无限悲伤："求你，别这么做好吗？一定还有别的解决方式的。"

"别逼我杀了你抛尸太空！"伍德恶狠狠地说道。他已经想过了，没有别的办法。如果可以，他甚至可以选择让丧尸病把自己耗死，但他不能。这艘怪异的飞船不只是外形特殊，里面使用的技术更是黑域内文明所独有的，无论如何都不能落入他人手中，那会让他的同胞们几百年的隐忍奋斗功亏一篑。

用飞船自带的虫洞发生装置穿越到黑域中后，身体的损伤速度随即停止，疼痛缓和下来。回头看看正在独自啜泣的苏茜，伍德颇感内疚："对不起。宇宙很大，足以容纳一切敌对的势力。可是，那绝不意味着所有的事物都能够和平共存，比如明和暗，比如穷和富，比如你们的资财和我们的权利……"

他再次跨越了明与暗的界线，回到了黑域的深处。为被抛弃的一族带回了不再受邪神骚扰的希望，带来了被公正对待的可能，还带回了一个计划外的战利品——仇人的后裔、敌方阵营的公主。

桃花潭

文/光 艇

一、雪山惊雷

"哥, 好了没得?"百米开外, 周斌的半个脑袋从雪堆背后露出来。

小时候逢年过节, 周斌总是跟在周恺屁股后面, 嚷嚷着要放炮仗。那时候家里穷, 买不起炮仗, 哥哥周恺带着弟弟去捡别人坟前没燃尽的鞭炮。虽说那鞭炮样子丑了点, 但威力还是不小。走在回家路上, 两人发现一大坨牛粪, 看着手里的鞭炮, 四目相顾一笑俯身蹲下, 插入炮仗。一声轰鸣, 来不及闪躲, 腐烂枯草, 混着刺鼻火药的的酸爽味道, 像腐败药膏死死贴在脸上。灼热、刺痛、隐约还有股窖藏的酒香震荡着年幼的灵魂。从此放炮这种事情, 弟弟周斌也就学乖了, 能躲多远是多远, 打死也不靠前, 每次听到炮声,脑海里还是会翻腾起牛粪的味道。

探井这边，周恺再次确认监测线路连接无误，探测器已达指定深度，微型起爆装置已准备就绪。这前不着村，后不着店，除了五公里外的营地，四周更无民房，亦无群众，用不着疏散人群。

唯独探井不远处的山头，一堆积雪向外突出，让周恺觉得有些不安。虽说如今这地质勘探，仍然避免不了放炮监测震波，但好在爆破技术已经过改良，震波威力已大不如前。就算那一块积雪坍塌，也只会向着右侧的山崖滑落下去，并不会对这边的探井造成太大的影响。

安全起见，周恺拿起挂在探井架上的皮帽，使劲扣在头上，也一并退到百米开外。两人躲在早已挖好的掩体坑背后，按下了起爆器。

随着一声沉闷的爆破声，尘土混着雪水从探井喷射开来，一缕青烟从井口缓缓升起。震波由近及远，积雪在微弱的阳光下，泛着一层淡淡光晕逐渐远去。

"不好！快趴下！"

话音未落，周恺将周斌扑倒在地。

近处山顶的积雪断裂坍塌，雪块簌簌的向山崖滑去，一小部分积雪在轰隆声中，向着探井这边扑来。

周斌只感觉眼前一黑，身如坠石，扑面倒地。

那若隐若现的牛屎味，游走在大脑和口鼻之间。

雪崩过来，夕阳下的山腰，挂上一抹彩虹。

"三组信号已收到，三组信号已收到！OVER！"

积雪之下，一个温暖柔和的声音响起。

若不是远处还能够看见几根探井的支架，人类活动的痕迹几乎快被积雪淹没。

"哥，你压着我的腿了。"

两人破雪而出，像落水上岸的狗一样，抖了抖身上的雪水。

"铃兰呢，铃兰哪里？"

"哥，你是说通信机吧？在我屁股兜里！"

周恺将通信机声音调至最大，"三组收到，三组收到，刚才发生了一点点小雪崩，好在我们都莫事。"数据组铃兰成功收到数据，意味着这个点的探测算是结束，

"没事就好，时候不早，赶紧回来吧！"铃兰的声音还是那么好听，就像着雪地里喝了一口刚好55度的温水，从头到脚，从指间到腹部，都流淌着一股温暖。

"今日各组任务都已完成，赶紧收拾回营地吧！。"队长秦彪的声音加入了通信频道。

"队长，队长，今晚上吃啥子呀？"周斌抢过通讯机。

"红烧牛肉，香菇炖鸡，魔芋烧鸭子！"

"这么安逸，你莫骗我哟。"

"调理包也是肉，不要嫌弃！"周恺拍了拍弟弟的肩膀，"梦里头，啥都有。赶紧收工！"

二、山高路滑

两人扒拉着积雪，将探井旁的工具设备刨了出来。军工设备还算结实，防水防震屁事没有。线缆设备已经整理装箱，多余的轻钢支架已捆好打包。可惜了周斌的帽子没来得及取走，已经裹了厚厚一层泥浆子，拿回营地用火烤干，抖落泥巴，还能够继续戴。

一只微型太阳能发电伞，在探井旁边矗立起来，周恺摆弄这最后的工程。在光照足够的时候，发电伞自动打开，迎着阳光，调整

合适的角度，吸收阳光，为数据发射器，提供持续稳定的电能。

"哥，你说装这个监控，到底是干啥用的，这荒郊野岭的，有啥好监控的？"发电伞的顶端，装着 360 度红外摄像探头。

"别说话，这个监控是为了看你娃儿有没有偷懒的。"

"儿豁，这活路都干完了，才装这个监控，那还监控个铲铲。"

"你娃也不傻嘛，这个是高科技打猎武器，红外探头是为了监控附近有没有活物靠近，"周恺指了指发电伞的边缘，那里隐藏着数个微型探针。"看见这个没，一旦有大型活物接近，这些装有微型定位芯片的探针，就会'啪'的一下射到身上。"

"不得哦，打个野兔子还用这么高端的东西？"

"你个没文化的，哪个说打野兔子了！不遇到稀罕货，这个东西是不会触发的，雪豹，雪豹听说过没？"

"听说过呀，不是前段时间，才放归了二十头么，说的是啥子放归计划来着……"

收拾妥当时，天色已暗，两人拖着四个大铁皮箱子，准备返回。不幸的是，这来时的路，由于刚才的雪崩已无处寻觅，万不得已，只能换另一侧山路下山。

"幸好我们不用爬到雪线之上，这半山腰的路已经够难走了，要是上雪山，空着手都走不动，更别说带这么多设备。"

"快了，最多还有三天，这边的点也就弄完了，咱就可以回家了！"

"我都快熬不住了，靠实想吃妈做的红烧肉了，快两个月都没沾一点荤腥，瘆得肠子都青了。"

"我看你娃是想女人了吧！"

"哪有！"

"说，你小子是不是对铃兰姑娘有意思……"

"哥，别说话！"周斌忽然停下了脚步，死死盯着不远处的荆棘丛。

"你搞啥子名堂？"山路积雪，脚下打滑，看着弟弟忽然停下脚步，自己却已来不及刹车。

右侧是悬崖，前方是荆棘，不用选了，被扎成刺猬总比粉身碎骨好。慌乱之中，两人撞成一团，径直向黑咕隆咚的荆棘丛滑去。

弟弟周斌此刻也顾不了那么多了，笨重的铁皮箱子丢掉一个，将另一个装着贵重设备的箱子，牢牢抱在胸前，倒不是为了护着箱子，而是万一撞着石头，至少还有个箱子缓冲一下。恍惚之中，只感觉天旋地转，一个巨大黑影一晃而过，自己已失去意识。

哥哥周恺尝试着伸手，抓住荆棘枝条，瞬间已是鲜血淋漓。一条狭窄的沟壑，出现在荆棘丛的尽头，两人跌跌撞撞，掉入沟壑。

不知过了多久，通信机的声音在黑暗中响起。

"三组，三组，听得到吗？听得到……"

队长秦彪的声音在洞穴中越荡越远。

"周恺？周斌？听到请回答！"

"队长？我在呢……"周斌从晕眩中醒来，循着声音摸索向前。手指之间黏稠滑腻，分不清是血水还是泥浆。

周斌扶着岩壁，支撑着身体来到通讯机旁。

"队长，我们……坠崖了……请求救援。"

"周斌吗，你们还好吗？有没有受伤？现在在哪里？"铃兰也进入了频道。

"我们……就在监测点附近的……山坡南面……掉进一个山洞……我的腿骨折了……我哥……我哥不知道在哪……"

话未讲完，信号中断，咔哒一声，一块碎片从通信机上掉落下来，那是损坏的电源。

一缕红色微光，在黑暗中摇摇晃晃。

三、破冰开路

夕阳落山，天色墨青，没有阳光的映衬，积雪也淡去光彩。

"喂！喂！喂？"队长秦彪将通信机砸向雪地，"靠！这倒霉催的两兄弟搞什么鬼？"

电子地图显示，三组距离此处三公里，一二组任务已经完成，按规矩应该先返回营地。这雪山高原，天说黑就黑。救，还是不救，成了难题。

"怎么办，队长？"二组徐冰将通信机捡起，转身递还给一组的秦颂，反手从背包里掏出一支强光手电，咔哒一声，一道光柱射向天际，这暗去的夜色，又明亮了一些。

"还能怎么办？救人啊！"队长将手中的铁皮箱子往地上一丢，"徐冰和秦颂跟我一起去救人，高峰你立刻回营地，向公司请求支援。至于这堆设备，先藏在雪地里，留个坐标，回头再找！高峰，保持通信畅通，即刻出发！"

天色一暗，这雪地变得更加冰冷刺骨，一脚深一脚浅，三人的行进更加艰难。

两千米，一千米，电子地图上，距离三组失事地点越来越近。

"秦颂，开启三维地图，锁定通信机最后的坐标！"

"好的，哥，稍等。"

秦颂俯下身子，将电子地图摊在膝盖上，一团光影在脚下的雪地上逐渐散开。

激光投影迅速勾勒出山脉地形，积雪之下的峡谷沟壑逐渐显露，

"就是这里，通信机最后的信号，消失在南坡的转角的峡谷。"

"这都到谷底了，他们从哪掉下去的？？"

"从哪掉下去的，暂时无法确定，好在咱们快到了！"

跟着电子地图的指引，三人已到信号所在之地。

"到了！"

可能由于早些时候的震荡波，高山积雪从天而降，在两山之间，堆积起一道冰雪屏障。若不是电子地图扫描出积雪之下的山形地势，仅凭肉眼，其背后的峡谷一线天，几乎不能被发现。

"这怎么办？挖洞？"徐冰将强光手电往岩石上一放，随即打开工具箱，"还好带的有家伙！"

"先别慌，秦颂，提高精度，锁定目标，先规划下行进路线！徐冰跟我，就地扎营，建一个临时安全点。"

三人各自分工，四散开来。秦颂进一步靠近峡谷，电子地图显示，距离信号消失点不到百米，然而通信机那头依旧无应答。

夜色更浓，雪地开始起风，天边的的几点星光在风暴下摇摇欲坠。

"不知道大周小周能不能撑到天亮！"徐冰拎着工具已来到峡谷雪堆前。

"喂！周恺！听得到吗？"

漆黑的雪夜里，徐冰朝着峡谷那头一声大喊。

"徐哥，你疯啦！"秦颂赶紧上前制止，"万一雪崩了怎么办？"

"对，对，对，是我大意了。这里头没消息，外头还不知道什么时候到，如果大周他们听得到我的声音，至少会多一分安慰。"徐冰挠着头，踢踩着雪块。

"嘘！别说话！"

两人停下手中的动作，黑夜中，只剩下风雪猎猎作响。

"哒……哒哒……哒哒哒……"

冰封峡谷里，隐约回荡着敲击声。

"他们还活着！"秦颂俯身贴着岩石，"一二三，一二三，那是我们的秘密暗号。"

"秦颂，路线规划出来没，从哪里进去？"

秦颂手持强光手电，光柱锁定之处，便是开挖地点。得知里面的人还活着，三人戴上防护工具，抄上破冰铲，立刻开工干活。

不到半个小时，三人已经向前掘进了五十米，距离目标越来越近。"大周小周，坚持住！我们来救你们了！"

隧洞七拐八拐，掏出的积雪泥沙很快在洞口堆起了小山。

距离越来越近，已不到五米。队长压低了嗓音，朝里面轻喊一声。

三人贴墙倾听。

"哒……哒哒……哒哒哒……哒……哒哒……"敲击声还在继续。

"还有力气敲石头，看来问题不大！"

三人继续掘进！回头一望，坑道尽头已是一片漆黑，这歪歪扭扭的冰洞，在强光手电的照射下犹如时空隧道。

"等一下！"秦彪忽然挥手示意。

"嘘！别出声！"秦彪抢过手电，怼向自己的衣服，光线由于遮挡暗淡下来。"你们看那头！"

手指方向的便是敲击声源头，冰层厚度不到两米，昏暗之下，那冰层里，竟然透着一缕粉红色光晕。那一声声稳定有力敲击声，是如此之近，整个隧洞都在回荡。

"小周，别敲了！"徐冰紧握着雪铲，向里头喊了一声。

三人屏住呼吸，将手中的雪铲握得更紧。

"哒……哒哒……哒哒哒……哒……哒哒……"敲击声，并未停止。

"小周，你要是还活着，就别敲了！"

敲击声如机械一般不急不缓，也不曾停止。

"哒……哒哒……哒哒哒……哒……哒哒……"

撤！

坑道七拐八拐，三人连滚带爬跌跌撞撞，向出口奔去。

"停！"

四、无处可逃

光柱尽头，便是出口，但三人分明看见，尽头之处，几根粗壮藤条垂在洞口。

强光手电扫过，洞口外飘落的雪花，反射着微光，那粗壮藤条在风雪中左右摇晃。一股黏稠的液体，从藤条滑落，拉扯着亮晶晶的丝线，落向地面。

一声震天咆哮，藤条扭动，黏液飞溅，一股狂风扑面而来。

"不好！"

三人来不及闪躲，腐败糜烂的气息已塞入口鼻。

"什么鬼东西？"

徐冰抄起铲子就往藤条上抡，金属撞击着血肉，发出哐当一声。

灯光照到近处，终于看清藤条的真面目。那分明是一根根硕大粗壮的触手，那触手受到攻击，循声而来，一把卷住铲子，拉扯过去。

徐冰手中一空，身体失去平衡，跌倒在地。

又一声嘶吼咆哮，震得坑洞里的雪块崩裂剥落。

"往后退！"

三人只得掉头继续返回洞中。

"刚才那是什么东西？"秦颂颤抖着双手，摸索着包里的通信机。

"没见过，不知道。"

"喂！喂！喂！有人在吗？"秦颂开启通信机"我们遇到了怪物，像章鱼一样的大怪物，请求总部支援！"

然而秦颂尝试了所有频道，都无法收到任何信号。

"干，一边是不知死活的东西，一边是弄不死的东西！干！"徐冰握紧的拳头狠狠砸着冰层。

一拳下去，冰层开裂，洞穴那头，红光泛起，一丝凉风，扑面而来。

"有风？"徐冰感受到空气的流动，抢过手电筒，朝裂缝照射。冰层那头，一片绯红，像是铺了一层粉色地毯。近处角落，两个人影躺在地上。

"快，给我铲子，找到他们了！"

徐冰凿出半人高的小洞，弓着身子钻了过去，剩下两人紧随其后。

"我靠！"三人转身，发出齐刷刷的惊叹。

光柱扫过，惊起一片桃红，天地之间，冰雪晶莹，桃花漫天。

走进一看，这桃花竟是一朵朵柔软轻盈的粉色水母，粉嫩的触须，轻薄的气囊。原本停歇在人影身上，此刻受到惊吓，四散逃离。

"哒……哒哒……哒哒哒……"

三人这才注意到，这敲击石头的声音，并未停止。走进一看，周恺的手臂紧握一块石子，正一下一下敲击着地面，这节奏，是他们再熟悉不过。

"大周！你还活着？太好了。"

徐冰赶紧上前一把握住周恺的手，随即又迅速弹开。周恺手腕已没有脉搏，掌心的石子也滚落下来，手腕最后一次敲向地面之后，再没有抬起。

五、桃花水母

周恺平躺地上，脸上煞白，一只桃花水母悬停鼻尖，纤细的触须从鼻孔和眼洞缓缓拔出。

徐冰向前伸手，想一巴掌捏死这装神弄鬼的怪物，却被队长握住了手腕。

"别动！"

只见那水母离开人体之后，静静飘浮在空中，触须上下摆动，摆动一下，停，连续摆动两下，停，再连续摆动三下，停……

"什么意思？"

"这玩意儿，好像……有灵性？"秦颂也想不出更好的词来形容，"不然他怎么知道我们的暗号。"

"难道大周的灵魂化作了这玩意儿？"徐冰本来不相信灵魂一说，可是如今到这般处境，信与不信又何妨。

"我说，这个……嗯……这位不知道是什么东西的兄弟，"徐冰伸出手缓缓靠近这只水母，"如果你真的是大周的灵魂，麻烦转个圈！"

水母的触须停下了摆动，静止一般悬浮在空中，未曾转圈。

"靠，这世上果然还是没有灵魂一说嘛！"没有惊喜，徐冰有些失望。

"唉……算了吧，这不过是一只稍微通点灵性的生物，指望它通人性，难度可能太大了一点。"队长拍了拍徐冰的肩，"别光顾大周，小周呢！"

两人这才想起，旁边还躺着个人。

所幸，周斌身上并无水母，队长上前伸出手指试探着周斌的鼻息。

"快，他还有气！"

秦颂赶紧从怀里掏出医疗箱，还在刚才慌乱中紧紧抱在怀里，不然可就无力回天了。一针体能药剂进去，周斌的气息顺畅不少。清理创口止血包扎，三人合力迅速处理。

"咳咳……"周斌咳出声来，人也清醒许多，"我这是在哪？"

"你别说话，我们来救你了，暂时还在山洞里……"

"嘘！"。

"又怎么了，队长？"

"那东西，钻进来了！"

"靠，快把那个洞堵住。"徐冰抱起一旁的碎石就往洞口塞。"能拖延一点时间也好。秦颂，检查一下，看看大家还有什么装备可以用？"

"两只手电筒，一部通信机，两把雪铲，没了。"

"手电筒省着用，通信机把我们的情况录成音频循环滚动发出去！"

"队长，要不咱们往高处撤，我刚才感觉到了风，这洞里应该还有别的出口！"徐冰握着电筒，探索着洞里的出路。

"试试看吧，来，我扶着小周，你跟秦颂抬上大周！"

"等下，徐哥你快看，那个水母转了，他转圈了！"

"菩萨保佑，老天显灵，你真的是大周？"

"它好像在给咱们带路？快跟上！"

"这鬼地方还没名字，要不就叫桃花潭吧。"徐冰的提议在风中回荡，无人响应。

六、冰封舰船

大本营的门口，铃兰一宿未眠，衣帽紧裹，倚门守候。

救援队还迟迟未到，手中紧握的通信机也收不到任何信息。

东方泛白，两道光柱划破黎明，救援车的轰鸣声传来。

"高峰，你可回来了！队长他们也没了消息。"

"什么？他们也失联了？快上车，咱们一起去！"

雪地救援车载着搜救队一行八人，向着队长失联的方向进发。

峡谷洞穴入口处，队长他们搭建的临时营地已被大雪淹没，洞口堆积的泥土和积雪乱做一滩，地上的黏液在灯光下闪着微光。

"这是什么液体？"高峰想要伸手触碰。

"小心有毒。"救援组长郑东厉声提醒，"上防护装备，全副武装！不该碰的别乱碰。采集样本，回去送化验。"

郑东指挥着搜救队员准备进入，"生命探测仪有结果没？"

"洞内结构复杂，生命迹象暂无数据。"

"等等，通信机有信号了！"铃兰将通信机音量调制最大。

"嗞……洞里……怪物……桃花……水母……"

"什么乱七八糟的，这说啥呢？"郑东摆了摆手"难道是脑子摔坏了？"

"好像说的是洞里有怪物，有桃花，有水母……"

铃兰听得出来，这是秦颂的声音，虽然没听明白，但声音听起来并不像脑子糊涂，他们一定是遇到什么不可思议的事情。

"不管是死是活，公司都会把他们找出来的。留一人驻守在外面，其余人跟我走。出发！"

不多时，郑东带着全副武装七人小队，已穿过长长的隧道来到地下暗河，平台上，桃花水母已不见踪迹，地面上只留下黏液拖曳的痕迹。

"队长，不仅这黏液有腐蚀性，就连河水也呈酸性。"一名叫刚子的队员，扫描着环境。

另一头，队员黑子在地上发现了痕迹，"这边地上有箭头标记，应该是他们留下的。"

"箭头往那边去了，赶紧跟上。"

穿过暗河平台转角过后，洞穴的空间更加宽敞。光线晃动，远处崖壁影影绰绰的，像是巨大爪子潜伏在黑暗尽头。

"快看，那是什么？"铃兰手持探照灯，扫向远处。

众人闻声，将灯光汇聚一点。洞穴那头，一艘钢铁舰船横跨水面。金属的外壳已锈迹斑驳，轮廓线条纵横交错，那奇特造型，不像是地球上任何一个国家的产物。

"那艘船上有东西！"

黑子将一支照明弹发射过去，舰桥的旋梯上，几根巨大的触手一扫而过。腐朽的船舱吱呀作响，撞击声里混杂着隐约的喊叫声。

"快去支援。"郑东握着一杆短枪冲在了队伍的前面。高山雪地的救援几乎很少用枪，但这次是有备而来，装备武器自然是越齐全越好。"先别开枪，先摸清楚情况。"

七人小队背靠崖壁，小心翼翼踩着水边的浮冰，摸索着一步步靠近舰船。走到近处，才发现这舰船足足有半个足球场那么大。两端疑似机翼的引擎，一侧嵌入冰层中，另一侧发着隐约的红光。

"小心，有动静！"高峰赶紧护在铃兰的身侧。

船舱里面，金属的撞击声更加激烈。

"干……快……打那边……"

船舱里有人叫喊，失踪人员还活着。

"刚子，黑子，你们左边！大头，瘦子，跟我走右边。高峰和铃兰，你们做后援。"

刚子和黑子打头阵，武器紧握在手，背靠旋梯轻轻爬上船舱，扭头那一瞬，两人见到了此生永远无法忘记的画面。

数不清的大大小小的触手搅作一团，黏稠的液体翻腾四溅，碗口粗细的腕臂，一瞬间就到眼前，来不及闪躲，长矛一样锋利的触手已插入胸膛。触手那头，七八只腥红的眼睛像无尽的深渊，吮吸着两人眼中的恐惧。

"开枪！"

郑东一声令下，冰窟之下，火光四射。

触手扭动闪躲，死命护着头部，中弹之处，炸开朵朵血花。怪物吃痛，翻滚的躯体从船舱撤出，几根粗壮腕臂蓄力一弹，一团黑影裹着黏液，划过一道弧线落入水中。

惊魂未定的五人，朝着水底又补射了几枪。

船舱门口，先前两人已血流一地，两只粉色水母悬停在两人头顶。

"那是什么？"

大头举枪开射，一只中弹，另一只惊走。

中弹那只水母气囊应声而破，失去浮力之后，如一滩融化的花瓣飘摇落下，轻轻覆盖在尸体脸上。

"别开枪！"船舱里有人声传来，可为时已晚。

"秦彪，你小子还活着！"

"这种水母，没有危险，不要开枪！"秦彪紧抱左臂，血水从指间溢出，看到救援已到，身子一软瘫倒在地。

"其他人呢？"

秦彪无力回答，只能够回头望了一眼船舱。

"老子还活着！"徐冰从船舱里喊了一嗓子。

七、古神苏醒

大头和瘦子赶紧上前去帮忙，两人小心跨过一地的黏液，合力推开半掩的舱门。

一片绯红，将两人脸庞照亮。

驾驶舱的正中间，上百只的桃花一样的水母悬浮在仪表盘上，像一颗颗晶莹玲珑的粉色气泡，缓缓旋转。粉红的微光，在昏暗中排列成整齐的矩阵。

两人瞪大了眼睛，看得入神。

"老子在这呢！扶我一把！"舱门背后徐冰和秦颂斜躺墙角，仍然保持着用脚卡死舱门的姿势。

船舱另一头，周斌紧靠在大哥周恺的身旁。

"走吧！老子才不要死在这鬼地方！"

众人正准备撤离，旋转的水母矩阵忽然四散开来，矩阵中间，一只水母停止旋转，纤细的触须轻轻摆动。

一下，两下，三下，一下，两下，三下……

那只水母保持着这样数字节奏扇动着触须，所有人都知道这节奏意味着什么。

这只特别的水母，缓缓在仪表盘上移动，悬停在一个黑色的按钮之上，挥动着触须指向这按钮。

"大头，按下那个按钮！"徐冰指了指水母的方向。

大头面露难色，转头看着秦彪，"放心，不会有事。说出来你可能不信，那家伙，是我们一伙的，按吧。"秦彪摆了摆手。

按钮按下，一道光柱散射开来。

星球，舰队，船员以及桃花水母，古老的故事在光幕里展开。

为了逃避战乱，这艘飞船离开了母星，由于自身躯体的寿命有限，一艘小小的飞船很难延续自己的文明，他们在一颗特殊的星球，捕获了这种像桃花一样的水母。船员死后，水母会提取船员的记忆，等到新的躯体孕育出来，水母再将记忆注入到新躯体中。船员有生有死，而水母永生。就这样，这艘飞船，采用这种方式，在群星之间，走过了漫长的旅程。

影像转眼消失，至于这艘飞船因何坠落，却不曾提及。

"好了，孩子们，睡前故事讲完了，该回家了！"郑东将徐冰和秦颂二人扶起，"世间之大，无奇不有，先活下去再说吧！"

一旁的周斌也已醒来，眼睛直直地盯着中间的那只水母，相顾无言，泪落无声。

那水母扑腾着触须飞奔过来，缓缓停在周斌眼前，一根细长的触须落在周斌的额头。

周斌闭上了双眼，凝住了气息，"请帮帮我们！"一个不同于他的声音，从他嘴里发出。

铃兰来到周斌身边，仔细打量着此刻的周斌。

周斌再次睁开眼时，仿佛从遥远的过去醒来，瞳孔里闪烁着古老的辉光。

"重启飞船，帮我们离开！"

这声音不卑不亢，沉稳有力，惊得铃兰后退一大步。

注入记忆，延续文明，众人想起了刚才的影像。

"古神永生，我族长存，重启飞船，方能平安！"

环顾四周，地上两个队友的尸体，余温未尽，两只水母已落在两人头顶多时。

更远处，冰层不知从何时开始崩裂，大块的碎石混着冰块从高处落下，来时的路已无处寻觅。放眼望去，整个洞穴已呈现崩塌之势。

不远的河水翻腾着水泡，这水下的怪物还不知生死。秦彪跟郑东面面相觑，两人都不知该如何回答这古老的文明提出的请求。

"古神永生！这青年已同意借躯体一用。"

"什么？这就算答应了？"一旁的徐冰小声嘀咕，众人倒也别无选择。"意思是周斌的选择?！"

只见此刻的周斌神色早已入定，不露悲喜，不知愁苦，面若桃花，眼如明珠，径直起身来到驾驶台，指尖划过一排按钮，驾驶舱仪表盘缓缓亮起。

"不好，那怪物又浮出水面了！"一旁的高峰率先发现了异常，隔着船舱遥遥望去，这怪物被河水浸泡之后竟然也变得绯红，于此同时也多了一个巨大的浮气囊。

"古神息怒，是他们将您从冰封中救出，本无意伤害您。这一次定能离开！"周斌挥手做礼。

一声嘶吼，河水气浪翻滚，光晕之下，无数的粉红卵壳浮出水面。卵壳出水之后，迎风裂开，里面的水母，气囊逐渐充盈，挣扎几下便腾空而起。

既然古神敌意退去，活下去，成了众人共同的期许。凿开冰封的引擎，古老的能量再次启动。

腾空的古神，奋力撞向高处开裂的冰层，一条裂缝直通天际，万千的桃花水母紧随其后，像一盏盏天灯，飞向苍穹。

船舱里，众人相互搀扶紧靠一起，伴随引擎喷发的烈焰，飞船摇摇晃晃，朝着古神开辟的裂缝直冲而起。

逐 日

文／封　龙

0
3.141592653589793238672……

一

　　我在石板上写下这串数字，有眼尖的学生马上喊道：这是圆周率！

　　我点点头，"对，这是圆周率，我的老师阿牙已经将这个数值算到了小数点后超过一百位。"然后我语气一转，接着说："今天我要讲的重点不是圆周率，而是……"我张开自己的两支手指，以其中较短的大拇指为基点，另一支长长的二拇指在石板上划动，刻下一个完美的圆形。

　　"我的老师阿牙，他提出我们的世界是圆形闭环的理论，后来他用数学计算证明了自己的理论，但是他最终没能通过计算找到出去的路，因为……"我顿一顿，让大家的注意力集中起来，"圆周率的数值，我的老师算不出圆周率的确值，他一辈子都致力于计算圆周率的确切数值，但是却没有结果。最终他的墓志铭是'人心不可计算'。"

说完这句话我停下来，远眺远处的山头，淡淡的光芒从天空中洒下来，一时间山顶的教室陷入沉寂。我放飞自己的思绪，回想起阿牙老师的话语。

我的老师一直跟我说在我们的世界之外还有其他的世界存在。他如同偏执狂一样，笃信毫无根据的传说，并企图用数学理论解释这荒诞不羁的传说。

终于在他死亡之前，他告诉我，他见到过外面的世界，他用近乎耳语的声音告诉我："我曾经在某个方位在某个时刻观测到外面世界的事物。一共三次，这三次我观测的方位和时间都是不一样的，我意识到也许这是某种周期性的变化，虽然到现在我还没有计算到规律，但是我坚信一定是有规律的，只要手握数学这工具，我们总会无往而不利的……"

老师停顿了很长的时间，积攒力气说："那是一个圆形的发光物体，高悬于九天之上，我们世界的光芒也许也来自于它……"

阿牙的话语已如同梦呓般缥缈莫测，最后他说完一句话，彻底停止了呼吸。"去追逐它吧，那是出去的路！外面有广阔的世界……"

二

我们生活的世界是一个闭环，我站在山顶的教室向前看和向后看都能在大概三十公里远的地方看到自己站立的山头。

我的老师阿牙一直在寻找一种可以解释这现象的理论，有一天他将一张纸条反转 180 度后两端相互黏结，最后形成一个闭环。这个神奇的纸带环让一张拥有两面的纸带变成了只有一面的闭环。一只小虫子爬遍整个曲面却不必跨过它的边缘。

也许我们就是这样的小虫子呢？

阿牙这样问着自己，从此他打开了自己的视野，他想到也许有一双看不见的神之手将我们的世界扭曲之后把边界相互粘结起来。只不过粘结使用的不是胶水，而是某种力量，某种我们还无法理解的强大力量。

阿牙用数学方程描述了这神秘的闭环，但是他的方程中有一个数值无法确知，那个数字就是——圆周率。

阿牙老师在去世之前给我留下了一堆未完成的方程，他在追寻光球的路上走了很久，依然很迷茫……

我接过老师阿牙的衣钵，继续追逐发光的球体。同时我也在计算圆周率，用更加精巧的方法。有的时候我也在想也许有一天我也算不动了，那么我就把追逐光球的故事讲给我的学生，也把自己计算的方程留给他。

就这样传承下去，那么总有一天，谜底会解开，路也会被打开。

三

我们的世界很小，方圆三十公里，我也是很久才明白无论我站在哪个位置我都身处世界的中心。

阿牙老师用一个完美的方程描述了整个世界：$x^2+y^2=r^2$

阿牙老师也是在偶然观察到外部世界的时候得到了灵感，他看到了发光的圆形，推想也许我们的世界也是一个圆形，然而圆形的所有的边界都被一股奇异的力量融合在一起，就像被反转180度后黏贴两段的神奇纸带那样。

阿牙老师意识到既然能够看到神奇的光球，那么通过计算一定可以找到出路，找到世界的边界，找到世界的罅隙。

我坚信通过计算圆周率能够让我找到阿牙老师所说的通向外部世界的路。于是我埋头苦干，废寝忘食……

终于有一天，我找到了一个巧妙的方法，我因为某件事研究了无穷小变量问题，无意中我从中找到了一个方法，用于计算圆周率，我相信用这方法可以精确计算圆周率的数值。

同时我也意识到也许圆周率永远无法确知，不管怎样，我的方法只能让计算通向两个结果中的一个。

四

我也见到了那个发光的球体。

在阿牙老师死后三十个周期之后我在半山腰的梯田内看到了发光的球体，当时的震撼的场景至今历历在目。

一颗巨大的发着白光的圆形的物体高悬于半空中，它散发出圣洁的白光，灼痛我的眼睛，我不得不一边流泪一边贪婪地盯着它，它在空中飘行，划出优美的弧线。不知道过了多久，它蓦然消失，仿佛从来没有出现过。

我终于明白了阿牙老师的话，这颗光球一定不属于我们的世界，它越过了边界将自己的光芒洒进来。

我为发光的球体起了名字——日。

　　我要在有生之年追逐它，通过计算，利用我在研究无限小变量中获得的数学工具，我可以计算出更加精确的圆周率，我算啊算，争取一切时间来算。计算量大大超出了我的预期，但是我还是坚持不懈，一百个周期后我已经将圆周率的值精确到小数点后将近500位，还是毫无规律，毫无希望。

　　期间，我又见到了三次日，时间和地点也是毫无规律。

五

　　我们的世界很小，但是有一座山丘，一片湖泊。我们大概有三千人，生活在这片狭小的区域。我们的生活也很简单，天空中周期性地撒播光芒，我们的身体可以吸收光的能量。光芒消失的时候人们陷入沉睡，等待光芒重新将我们唤醒。

　　我是先知，继承我的老师阿牙的使命，负责研究整个世界的运行规律，指导大家躲避灾祸。

　　我观察到湖泊的水位每周期都在变化，光芒来的时候，水位降低，黑暗降临，水位则稍微升起来。

　　我记得在某本先贤的石刻书上看过，这种现象好像叫潮汐，是莫名的看不见的力量造成的。没人能够找到潮汐发生的原因。我想到，如果有一种奇异的力量，它可以让我们的世界发生"潮汐"呢？

　　涨潮的时候我们的世界被空间占满了，退潮的时候空间缩小，于是我看到了外面世界的"日"？

　　不管怎样，这是一种可行的解释，只是我还没有足够的知识去用理论填补空缺的地方。我现在所掌握的最高级的武器就是计算圆周率的方法，我构建了一连串的多项式去逼近圆周率的数值，我通过三次改进之后，计算圆周率值的速度越来越快，最后我可以用十个左右的多项式让数值精确到小数点后一百万位。不过每次我感觉自己接近成功的时候总会在最后一刻发现圆周率后面的数值还很长。就仿佛我在爬山，眼看就要抵达山顶，可爬上去才发现上面还有更高的山峰，我甚至不知道是不是我在一边爬山，有一只看不见的手也正在搭建更高的山头。

计算的时间越长我越发困惑，圆周率的数值已经可以写满整个山头，但是依然看不到尽头。我算了这么多周期，结果都只是近似值而已。我开始动摇，是不是圆周率就是无法确知的呢。

如果圆周率是一个无法确知的数值，那么我又如何才能以此为基础去推算"空间潮汐"的规律呢？

我在痛苦的思考中寻找出路。

六

圆周率已经刻满了整座山丘，随着我计算进程，大地的震动越来越频繁，幅度也有加大的趋势。本来三十个周期左右才会有一次的剧烈震动几乎变成了每周期都会发生的日常小事。刚刚在湖泊中孕育而出的小家伙们以为这就是世界常态呢，他们每次感受到大地的震动之后都会发出喜悦的呜呜笑声。

我的学生混沌帮我做了一个水力驱动的机器来计算圆周率。他在几块大木板上挖下两种尺寸的洞，然后按照洞口的大小雕刻了两种石子，石子在木板上活动，小石子可以落入洞中，大石子无法落下。通过水力带动木板摇晃，石子在木板上运动有两种结果：掉入洞中的下一层木板上，或者留在上面，通过几层木板筛选能够得到最终的计算结果。

混沌根据我的要求设计好十八层的木板，然后将石子放到木板上，开始计算。

这一次我有信心，或者计算出圆周率的数值，或者证明它确实无法通过计算得到。

木板左右摇摆，石子动起来，大地忽然也开始震动，这一次，震动并没有在六十分之一周期后停止，而是越来越强烈。光线也越来越强烈，我的眼睛已然无法睁开。我意识到我们的世界正在崩溃。

仿佛我的计算动摇了整个世界的根基。一个微小的撬点，掀翻整个世界？最后，强光将一切淹没……

结尾

"他马上就算到尽头了，怎么办？"

"维度的罅隙已经造成圆周率的变化，虽然前几次我们可以用更加精密的计算掩盖这一切，不过所有的世界都在崩塌，总有一天，圆周率还是会被他们算到尽头，秘密将不再是秘密，真理也不再是真理……"

"那我们能做的就是让他们知道的晚一点罢……无知是一种幸福。"

"本来嘛！"

随后，最底层的代码开始更新，逐日者的意识被数据深渊吞没，他的意识模块被分解重组，最后将成为下一个世界的山川河流的一部分……

新一轮的探索开始了。

恒博利尔

文／夜孤行

距地十二光年有星曰恒博利尔，有翼兽，盘桓四方，间无天敌，多产云母，卵生而出，浮游天地，其壳为材，可通星际——《星游记》

奕辰一边用右眼控制着眼镜中的棱镜书写着自己的游记，一边听着当地的垦荒者叙述着这里的风土。

夜晚的霍特酒馆充斥着各种各样的喧嚣，无论在哪一个星球，酒馆永远都是一个人融入当地的最佳场所。通过几周以来的不断结识，奕辰和老哥特已俨然成了一对忘年之交。

"再有三天就是浮游日了，等到那个时候，是每年一度云母破壳的日子，所有的翼兽都会在斯通峡谷周边腾起，那壮观的景象你想必一定要去观赏一下吧。"像老哥特这样地道的垦荒者难得会遇到一个母星来的交谈者，更何况偶尔还有免费的小酒来喝。

"那是必然不容错过的！"作为一个拥有数万亿读者的星际浪游者，奕辰是肯定不会错过这一盛景的。他来恒博利尔星的主要目的本身就是为了向他的读者们描述浮游日的盛况。

"我们的祖辈在这个星球已经垦荒好几代了，直到近些年人们发现云母石的用处后，这颗星球才变的热闹起来，可是云母生存的峡谷四周都有翼兽盘旋，除了那些盗猎者之外，只有每年一度的浮游日我们才会采集到足够多的云母石。"见老哥特一口喝完杯中的酒，奕辰不失时机的再次给他添满。

"那些翼兽真的有那么可怕么？"奕辰只是从外界的描述中听说过翼兽的存在。

"只有见过的人才会明白它们的可怕，那是一种直击心灵的震撼，不可言说的可怕！"老哥特似乎想起了久远以前的往事，双眼中充满了深深的恐惧…

酒馆是一个半地下的建筑，大部分的结构深埋在地下，地面以上是一个半圆的穹顶，最大限度地抵御风沙的侵袭。透过地堡的穹顶，夜色里是恒博利尔的星空，美丽的红蓝双月将远处嶙峋的山石照耀的梦幻又妖异，偶尔会从斯通峡谷传来翼兽响亮的鸣叫声，才会给这颗沉睡的星球带来一丝生气。

听完老哥特的故事，奕辰来到酒馆的穹顶，望着夜色中的恒博利尔想起了遥远的地球。谁能想象，短短数百年，人类的足迹就已遍布太空，从那拥挤的蓝色星球踏足十二光年之外这片荒凉之地。

相传老哥特他们的祖辈是第一批太空探索的定居者，四百年前，由于地球日渐枯竭的资源，人们将眼光放在了浩瀚的太空，走出去——成了所有地球人的目标，人们全力以赴地奔向太空，在茫茫群星间寻找新的聚居地，数以千计的星际飞船穿梭在宇宙中，开创出了一个太空探索的大浪潮。可是，在之后的五六十年间太空探索的步伐却不断沉寂下来。人们忘了，宇宙太大，星空太远，虽然人们已经找到数百颗类似地球的行星，但是由于距离的遥远，传输技术一直是一项难以攻破的课题。一批又一批不同星际间的聚居者变成了熟悉的陌生人，在光年间遥远的距离下，人们的一则问候的消息，等传输到地球，都有可能变成最后的遗言。

直到三十年前，天剑号的船长将一颗死寂的云母卵壳从恒博利尔带回，作为生日礼物带给地球上的妻子时，作为地球雷讯工业科研室人员的邓颖才在不小心打破的卵壳中发现了这种超导材料。利用云母壳所制造的通信设备，可以在宇宙间任何地方实现实时传输。这也为奕辰这种星际浪游者的创作和出版提供了实现的可能。否则，也许人们每次都要等到十多年以后才能在第一时间一睹他在星际间的每一份新作。借助他眼前的棱镜，他可以随时用眼睛记录和书写他的一切所见和所感，也可以通过棱镜系统瞬间将他的作品传输到星际间的每一处。这也让"云母壳"，成为了整个星系间最炙手可热的物品。

"怀璧其罪"，尽管尚未曾见过云母到底长得什么样子，可是因为云母壳的价值如此之大，它们的存在也就必然引起无数的觊觎，奕辰不禁为它们悲哀起来。

"他们怎么忍心？将未破壳的云母盗走，仅仅是为了得到他们的外壳。"不知何时，奕辰的身边站着一位高挑的少女。她的话语将奕辰从思索中带回。

"你好，我叫特蕾莎，他是苏哈"看到回过神来的奕辰少女微微一笑，指着不远处一位身着披风的男子介绍道，不大的眼睛中充满一种让人心安的感觉。这让习惯了星际间漫游的奕辰内心中不由感到一丝温热。

那个叫苏哈的男子看到特蕾莎指着他便急忙走了过来，他的手中还端着两人的酒杯，点头向奕辰打起招呼。

"你应该不是到这里来淘金的吧！"

"你怎么就看出来我不是呢？"奕辰报之以微笑。

"你的眼神不像。"少女思索着冒出这样一句话。

"哪里不像了？"

"云祭日马上就要到了，所有人的外来人此刻最关心的莫过于那些云母壳了，可是你看外面的时候是在思考，而别的人看外面的时候都是在谋划。"

"想不到你一个小姑娘看人还挺深。"

"那是！你不知道吧，在我们这里坏人是会被翼兽吃掉的。"

"嘁！那只是吓唬坏人的传说吧！"奕辰不禁莞尔。

"才不是呢？"少女带着一丝骄傲的自信说道。"你还没见过浮游日吧。"

"是没有！"奕辰不禁摇摇头，心想我就是为了看浮游日最近才赶到这里的啊。

"哈哈！"少女得意的笑道，她的眼睛几乎快要眯出一条缝来，却愈发显得质朴可爱，"看你像个好人的样子，没准我可以带你一起去做云祭呢！"

"特蕾莎，没有长老的允许是不能随便带外人去云祭的。"身旁的苏哈急忙提醒她道。

"那有什么关系，长老也没说外人就一定不能去啊。"少女对苏哈的劝告充耳不闻。"再说了，他去了也不能带走什么"

"什么是云祭？"奕辰忽然来了兴趣。

"这你都不知道，你以为云母卵是任何人都可以采到的么？"特蕾莎的话语中带着一丝骄傲地说。

"不然呢，难道不是么？"奕辰没想到这期间还另有缘由。

"你以为那些翼兽是白痴啊，能让你进它们的领地去取云母壳。"

"只有那些对它们不含任何觊觎之心的人才可以在浮游日进入斯通峡谷将云母壳带走，当然，你还得帮一些云母破壳。"少女带着一丝神往，似乎已经迫不及待浮游日的到来了。

"那你一定得带我去喽！"奕辰顺着特蕾莎的话说道。

"对啦，你到底是做什么的呀！你从哪来？"看到特蕾莎想答应下来，身旁的苏哈便急忙打断他们的对话问道。

"我是一个作家，这是一个很古老的职业。"奕辰向他解释道"我是从遥远的地球来的，也就是你们祖先曾经生活的地方。"

"地球我知道，据说我们的祖辈都是从地球来的，那里有着密密麻麻的人和土黄色的月亮，肯定没有我们这里美！"少女又急忙接道，此刻的窗外，红蓝双月已经升上了天空的最高处，在双月的交织下，中间那一抹淡黄色的光芒还真有点地球上月光的影子。"不过你一个作家干嘛跑这么远啊？"

"我是一个星际浪游者，主要就是描写星际间每一处星土物情的。我也喜欢游荡在星际间，想要游遍每一处星空。"

"原来还有这种职业啊"特蕾莎不禁惊叹道，"正好浮游日前三天我们都休息，我明天可以带你好好转转这里，你可一定要好好地写我们恒博利尔啊！"少女倒主动担当起导游的角色来……

第二天特蕾莎如约带着奕辰游起了斯通峡谷的周边。

他们所处的斯通峡谷在恒博利尔数千个峡谷中也算较大的一个

了。绵延三百里的峡谷间到处都是峥嵘的黑松岩，据说这都是由数百万年前的黑松所形成。那些翼兽也不知道怎么来的，好像是一群充满智慧的机械大鸟，它们平时不太会攻击人类，但是对于不怀好意侵入斯通峡谷想要偷盗云母卵的盗猎者却毫不客气。相传有一只装备精良的星际盗猎者"红魁"曾偷偷潜入斯通峡谷想大干一票，却不料在数十只翼兽的一通嘶吼中盗猎船便已经彻底陷入瘫痪，之后发生的事情谁也不知道，当数百红魁盗猎者摇摇晃晃地从斯通峡谷走出时，一个个都变得痴呆，甚至没有一个人可以完整地说出自己的名字，只留下那峡谷深处的盗猎船和翼兽的嘶吼让别的盗猎者望而却步。

从斯通峡谷到博雷荒原，这里让奕辰想起遥远地球上的非洲大草原，那种广袤而壮美的场景让人置身天地之间感觉到自身的渺小和生命的伟大，可惜这里只有无尽的砾石和丛生的荆棘。红粉河从峡谷深处流淌而来，为这里的人们带来维持生存的水源，叫它红粉河并非是因为河水或者河床的颜色，而是因为在浮游日那一天，所有的云母卵都会从红粉河的深处漂来，让河水也变成粉色，它们一路流淌，到达斯通峡谷的浅滩处碧岩湾，之后，在整整一天的不断脆响中，数以万计的云母会不断破壳，飘摇天际。

通过接下来几天的旅程，奕辰对恒博利尔的风土人情也更加熟悉起来，也逐渐喜欢上这个叫特蕾莎的女孩子，这样一个荒凉的星球上，每一处丘岩，每一个细小的生物，在特蕾莎的描述下都变得如此富有生机。他也不断向特蕾莎讲起他的经历和见识。从遥远地球蓝色的海洋到奥康拉星绿色的植物丛林，从色雷斯星数千米深的地下城市到博塔星冰极下的阳光之都，他的每一次描述都让特蕾莎神往不已。

霍特酒馆，人们早早地就开始了浮游日前夜的狂欢，既是为了祝福云母的飞升，也是为了庆祝即将到来的收获。这时的穹顶上，一对男女似乎在争执着什么。

"哦，特蕾莎，你不会被那个该死的地球人蛊惑了吧，你怎么可以做出这样的决定"

"宇宙那么大，我想去看看！"特蕾莎似乎心意已决"难道你真的愿意就这样让自己有限的生命在这个星球上日益耗尽，我们甚至，都不曾走出翼兽的视野。"

"可那是宇宙啊，到处充满着未知的东西！"苏哈的心中充满了担忧"再者，如果你真的走了，可能就再也回不到这里了。"

"放心吧苏哈，我会时常借奕辰的棱镜和你联系的。"少女的心中早已充满向往。

"都怪那个该死的地球人，就知道他来到这里没安好心。"苏哈愤愤不已。

"你可别忘了，我们的祖先也都是地球来的。"特雷沙也显得有些生气起来。

"说不定，我还可以去我们祖先生存的地球上去看一看呢。"她转而又释然起来。

"特蕾莎，我一定不会让你离开这里的！"苏哈恼怒地离开了。

终于等到浮游日那一天了。特蕾莎早早起来便去找奕辰一起去做云祭，在她的请求下长老最终还是答应了带奕辰一起去。

原来所谓的云祭，就是要去斯通峡谷深处的碧岩湾帮助那些弱小的云母飞翔。他们要赶在第一缕曙光前到达碧岩湾，开始一天的云祭，之后，他们便可以采集剩下的云母壳了。当然，在这之前他们还得先过了翼兽那一关。

碧岩湾在距离斯通峡谷边缘大约三十公里的深处，当红粉河从七千米的峰顶奔腾而下，到碧水湾处却情势急转，形成一片平静的水湾，说那里是一处水湾倒不如说是一片湖泊，若不是两侧嶙峋壁立的黑松岩包围下，谁会想到这峡谷深处会有这样一处广袤水源。

奕辰带着他的背包随同特蕾莎到了出发地，他们坐上苏哈驾驶的一艘采集船飞向了此行的目的地，在他们的采集船到达斯通峡谷边缘时，特蕾莎一行数百人集体下船，站在一处平坦的黑松岩丘上开始进行祝祷，带领他们的长老是一位年逾古稀的老妪，佝偻的身躯在斗篷下显得愈发弱小，可是当她唱起祷词时奕辰绝不会认为她只是一个弱小的妇人。虽然奕辰根本听不懂他们的祝祷词，却在之前了解到，他们这是在向翼兽们宣告他们的诉求，他们只是想要进去采集那些破碎后的云母壳，也会帮助那些弱小的云母进行飞翔，请求翼兽们放行进去。虽然奕辰对这种古已有之的祝祷持半信半疑的态度，但他还是在内心向着那不知是否能明白他们心意的翼兽们默默地表达自己的诉求。

忽然，一声嘶鸣从不远处传来，仿佛夜枭在黑暗中发现忽然闯入的天敌，接着又是一声，从更深处传来，声音震动起地面，之后不断的鸣叫此起彼伏，开始在整个峡谷间回荡。蓦然，整个天空似乎一暗，灰色的黎明似乎要转而睡去。奕辰抬起头来，却再也无法转移自己的视线——他终于看到了翼兽。那不是一只，足有数百只翼兽从斯通峡谷的深处飞来，灰色的身躯在黎明的暗光下显得愈发的深沉。它们的整个身躯仿佛钢铁铸成，每一只翼兽展开灰色的翅膀之后都足有三十多米宽，在尾部飘荡着数只十多米长的羽翼分叉开来，一双巨大的前爪散发着冷冽的光芒。头顶那些巨大的阴影让奕辰有些窒息，他想低下头去，却感觉无法移动。翼兽们结队从峡谷深处飞来，在他们的头顶盘旋一周，之后又向着峡谷深处疾飞而去，那一双双泛着白色幽光的眼睛仿佛可以穿透每一个人的灵魂。

在经过翼兽们的一番邀请礼之后，特蕾莎一行再次登上采集船，开往碧岩湾。三十公里的距离在奕辰尚未从翼兽的震撼中回过神来便已抵达。

天空逐渐明亮起来，眼前是一出广阔的水湾，原本高耸的黑松岩此刻远远望去也仿佛一处浪堤，他们停靠在水面间的一出岩石上，这里的水面广阔，却并不深，水面间到处都一片片碧绿色的岩石，将原本清澈的水面也染成碧色，在曙光下亮丽而鲜艳。

水面上已经布满了许多足球大小的粉色蛋壳，还有无数的蛋壳从红粉河深处不断漂来，原来流淌的河水到了这仿佛静止了一般，这些蛋壳便也随波起伏。

"他们什么时候破壳呢？"看到这里奕辰有些迫不及待了。

"看天上，"特蕾莎指指天空道。"等到双星彻底消失的那一刻。"

因为他们来得比较早，虽然此时恒博利尔的太阳已经升起，可是红蓝双星还是依依不舍的留恋在天际，仿佛它们也想见证这伟大的时刻。

根据事先已经约定好的，特蕾莎他们下了采集船之后便各自穿上防护服分散开来，每个人都找到一处较低的水面处站定，白色的防护服包裹着全身，这既是为了抵御有些寒冷的红粉河水，也为了让碧岩湾少受到一丝人类气息的污染，因为这些云母很敏感，太多的外界气息都容易影响它们破壳。

"咔"，随着一声清亮的脆响声，红蓝双月隐去了，浮游日也正式开始!

距离奕辰他们不远处，一颗较大的蛋壳裂出一丝缝隙，阳光紧接着穿入其中，受到黎明的召唤，裂隙变得越来越大，最后裂成两瓣，分展开来，一只粉色的云母仿佛氢气球一般升腾起来，飘飘摇摇地飞上天空。

先是第一只云母在裂壳之后飘摇起来，接着在一片清亮的交响中更多的云母升腾起来，它们透明的躯体内，是一片粉红色的组织，仿佛一个个带着粉色僧帽的沙弥，它们柔软的脑袋摇摇晃晃，飘荡的触角仿似翼兽的尾巴，在摇摆中升腾而去，整个天地都被无数飘摇的粉色云母充斥起来。

特蕾莎他们先是静静地欣赏这每年一度的盛景，接着便开始忙碌起来，他们将云母的破壳一个个收集起来，放入便携式采集器中，每当一筐采集器满了之后，它们便自行回到采集船，守在船上的苏哈将筐中的云母壳收起来，放入船上的储物仓。采集器卸下所有的物品后再飞回采集者的身边。

此刻的奕辰倒成了这里最无所事事之人，除了欣赏这里的美景他也开始观察起每一个收集者来。他看到特蕾莎将一只较小的云母卵放在身边的一处碧岩上，怀中还抱着一只已经破壳的云母，也许这只云母还太弱小，飘飘摇摇了半天却无法飞起。特蕾莎轻柔地用指尖托起云母的边缘，仿佛年轻的母亲鼓励学步的孩童一般，将它慢慢地高举起来，也许是受到特蕾莎的鼓励，那一只云母不断摇摆着尾部，幅度越来越大，终于逐渐地升起。奕辰追随着那只云母不断升高的身影，一直目送到看不见为止。

他打开眼前的棱镜，才想起要将这一刻记录下来，分享给宇宙间每一个星空深处的人们，让他们也一同领略浮游日的美景。

起源之地

此刻，整个星际间数以千万的人们和他一同观赏起浮游日的景象，他不断地转换视角，不断地拉远与靠近，尽可能多地记录着这里的一切。"是呵，面对这样的景象谁还会想要去偷猎，这是天赐的精灵，这是生命的造化。"奕辰又诗兴大发起来。

这时只见特蕾莎向他招了招手，喊他过去。他从湖水中向特蕾莎走去，这里的水面只到他的胸前，行走中两侧的水流向后涌去，带着一只只尚未破壳的云母从他的身旁掠过。

特蕾莎从水面上捡起一只裂开的蛋壳，轻轻的递到奕辰的手中，她将蛋壳的上半部揭开，奕辰的手中便出现一只弱小的云母，圆圆的僧帽不断鼓动着空气，尾部的触角也一蹭一蹭的，急于向天空飞去。奕辰注视着它，它也仿佛在看着奕辰，尽管不知道它是否有眼睛，可是奕辰还是感觉到它再向自己求助。于是特蕾莎微笑着向他点点头，从他的手中接过蛋壳。奕辰便用双手的指尖轻轻托起云母的边缘。那只云母在他的帮助下更加奋力地拨动触角，僧帽也更加有力地鼓动起来，特雷沙将云母壳放下，一阵柔软的触感传来，她托起奕辰的双手，带着他一起，将云母缓缓举起。

等到他们的双手举到最高处时，奕辰看到它仿佛向自己轻轻点了一下头，然后便慢慢地飞起来。一种迎接新生命的感觉在他的心头涌起，从未有过的满足让他将特蕾沙的双手紧握，注视着她。远处船上的苏哈也这样注视着水中的两人。

他们随后将破碎的壳收集起来，又转而去寻找下一个需要帮助的云母。

当薄暮已经降临恒博利尔的太阳即将隐去他的光芒之时，碧水湾的湖水再一次归于平静，所有的云母都已经破壳，远处只余下红粉河流落的水声。特蕾莎一行驾驶着采集船满载而归。

特蕾莎和奕辰一路有说有笑，船行不远，忽而一阵翼兽的尖叫声响起，他们身前的长老蓦然回首，褶皱的脸上显出一丝凝重。

此时的他们正行驶到斯通峡谷的中间，两侧的峡谷遮住了落日的余晖，黑松林的斑驳阴影落在他们的船上和水面。那翼兽的嘶鸣此时听来分外苍凉而恐怖。在长老的示意下船逐渐慢了下来。

"长老，这是怎么回事？"特蕾莎急忙问起。

"先看看吧！"长老用沙哑的声音说道。

随着一阵疾风掠过，满船的人都一阵慌忙。等他们再回头向前看时，一只翼兽灰白色的眼睛正在前方注视着他们，巨大的身躯堵住了整个峡谷，他的身躯比先前所见的翼兽更加巨大，不断鼓胀的双翼将它稳稳地停留在半空，双翼鼓来的飓风将他们的采集船吹得漂荡起来。不远的深处又有数只翼兽飞来，堵住了他们的头顶和后路，他们被翼兽包围了。

长老走上前去，用浑浊的双眼与翼兽对视着，口中说起不知名的语言。她的语音急促而响亮，苍老的声音中带着一丝不容置疑的铿锵，那只巨大的翼兽也用一阵阵尖锐的嘶鸣向她回应着。整船的人不敢发出一丝声音。

"到底是谁？"对话完毕的长老转而向众人，带着一丝愤怒地问道。

"尊敬的长老，请您告诉我们这到底是怎么回事？"人群中有人问道。

"我们之中，有人，拿走了云母卵。"老人的语气中带着一丝失望。"若不是，因为我们是云祭者，此刻整船的人员恐怕早已被翼兽撕碎。"

整个人群开始慌乱起来，大家被这个可怕的消息吓到了。云祭者当中，居然有人拿走了云母卵。所有人纷纷指责起来。

"怎么会有人干出这种事情，这不是要将我们所有人都害了么！"有人斥责道。

"到底是谁，赶快交出来！"每一个人都向他们周围的人看去，试图找出那个可耻的偷窃者。

奕辰虽然有些害怕，但还是打开自己的棱镜记录起这一切，这难得的一次历险。

"一定是他，是他这个外来者。"忽然有人将手指向了正在记录这一切的奕辰。

"不可能，他一直和我在一起，绝对不会是他。"身旁的特蕾莎急忙帮奕辰辩解道。

"说那么多干什么，大家翻翻他的背包看看便知道了。"驾驶室上的苏哈也挺身说道。

"苏哈，你这是干什么？"特蕾莎有些生气。

"看看就看看吧！"奕辰知道辩解没有任何用处，倒不如让他们看一眼死心。

他转身从自己的仓位上拿起背包，面向众人打了开来。里面除了他脱下的防护服和日常的一些设备外，只剩下一个放置棱镜的小箱子，那是一个四四方方的箱子，棱镜日常的存储和维护以及远距离传输，都是靠这个箱子来进行，除此之外，什么也没有。

"再打开那个箱子。"有人进一步说道。

奕辰有些无语，可是为了让众人死心，也为了尽快的找出真正的偷窃者，他只得继续将棱镜盒打开。

他轻轻地一摁开关，箱子便打开了，映入众人眼前的赫然是一只小小的粉色卵壳。

"怎么会这样！"看到这里的特蕾莎捂住了嘴喊道，她感到难以置信，一直和她在一起的奕辰居然真的是一个盗窃者。她有些无力的愣在那里。奕辰也被眼前的事物惊到了。

此时的众人一拥而上，很快将奕辰围了起来。若不是四周还有翼兽在用冷漠的目光环视着他们，众人早已大打出手，揍起奕辰来。

随着一声呵斥，奕辰的身侧展开一条通道，长老缓缓地走向他面前。

"长老，请相信这不是我做的。"他赶忙向老人解释起来。

"一切都交给翼兽来裁决吧。"长老缓缓地说道。

于是奕辰手捧着蛋壳被众人推向前方那只巨大的翼兽。站在船首，他有些恐惧的低下头，不敢与翼兽对视，双手将云母卵举过头顶，他不知道翼兽会作出怎样的举动，只是他明白，此刻，最好不要将这只巨大的怪鸟激怒。

翼兽鼓动着翅膀，长嘶着飞向他们的船只，那闪耀着黑光的前喙几乎要碰触到他的头顶。奕辰忍不住抬起头来。顺着那尖锐的兽喙望去，是一双灰水晶般巨大的眼睛。翼兽的眼睛不是圆形的，而是充满无数棱面的仿佛钻石一样的椭圆形，在暮色中不断闪现出各种明暗的光色。奕辰与它对视着，双眼逐渐沉入其中，无法自拔。

忽而，他带着的棱镜上闪过一阵流光，手中的卵壳响起一声脆裂，将奕辰从沉迷中拉了回来。

奕辰手中的卵壳破裂开来，一只小小的云母出现在众人眼前，它的身躯几近透明，翼兽带着一丝欢快的鸣叫扬天长啸，向云母打着招呼。距离太近的奕辰震耳欲聋。

"不要！"翼兽低头，一阵流光从双眼中射出，他身后的苏哈忽然大叫一声，整个人蜷缩在地。

等众人围上前去，苏哈已经一动不动地躺在那里，双目中没有一丝色彩。

"红魁！"有曾经目睹过那一幕的人喊道。

人们变得纷乱起来。纷纷猜猜，是不是苏哈才是真正的偷盗者，是他将那只云母卵藏在了奕辰的背包中，转而嫁祸给他。

此刻的奕辰却已经顾不得去看身后的一切，他的眼中只有那只弱小的云母。它挣扎着想要飞升，但弱小的身躯几经努力依然无济于事。

"都安静下来！"长老的声音再一次传来，将震惊中的特蕾莎和众人震慑。"众人随我一起祈祷！"

只见长老走向前去，她的双手双脚舞动着，口中念念有词。身后的众人匍匐在地，随着她一起舞动双手，口中念诵。

这一次奕辰终于听清楚了她的祷词。

"遂古无极，万物共存，物竞而存，得有子焉，冯翼惟像，何可长存，生死万状，此起彼存，枷身得脱，星海永浴……"

那只弱小的云母就在他们的祷告中用力地挣扎起来。

从他们的祷词中，奕辰仿佛看到了恒博利尔数亿年来的起起落落，可能是靠得太近，云母的尾翼撞向了他的棱镜。奕辰来不及躲开，棱镜中仿佛一阵电光穿梭，之后又向他的眼前涌来，让他躲闪不及。

一阵又一阵讯息向他冲击而来，仿佛经历了无数的时光，却又似乎才过了闭眼的瞬间。那只云母用尾翼联结起了棱镜中云母壳所做的电元件，向奕辰，也向通过他眼前的棱镜观看着浮游日的人们诉说它的过去与未来。

原来它们这浮游日不是出生，而是死亡，却也是超脱。它们才是整个恒博利尔的主宰，数以千万年的进化让他们将曾经的硅基生命与碳基生命不断结合，最终进化成了云母形态。它们潜藏在峡谷的深处，每一个云母壳便是它们联通天地的手段，借助云母壳，它们水母般的肉体可以接受和处理来自各个星系间的所有讯息，那遍布天空的翼兽也只是它们数百万年前所生产出的卫兵，为它们守护这颗星球的每一处角落，每当有偷窃者到来，他们便将那些盗窃者的灵魂汲取，封存在翼兽的身上，以便让他们变得更加聪明和智能。此刻眼前那只巨大的翼兽，已经化作苏哈的躯壳，将他的灵魂封存在里面。

因为嫉妒，苏哈将那只云母卵偷偷地藏在了奕辰的背包中，只是为了在发现之后将他赶离这颗星球，却不料，自己的行为还是得到了应有的惩罚。苏哈仿佛也听到了云母的讲述，用一声声嘶鸣向众人诉说自己的错误，它也将，化作这颗星球的守护者，同其他翼兽一起，守护起云母和这里的众生。

云母们达到了进化的极致，却也从此被禁锢起来，难以寸进。每当生命将尽，它们便趋壳而出，奋起自己的最后一丝力量扶摇直上，向着更高更远，向着星空深处，升腾而去……也许在星空深处，他们的生命将会以一种更高的形式再一次生存起来。

通过棱镜，奕辰仿佛成为了众多云母中的一份子，分享着它们一切所知所感，他仿佛看到星海深处，所有的云母自由自在的到处飘摇。

"那些可恶的盗猎者，它们原来是在谋杀。"奕辰大声呼喊道。

恒博利尔，有云母，以壳为生，控翼兽以护天地，死乃破壳，浮游天际，不知来处，不见归去，其智超群，不可侵也——《星游记》
奕辰在他的游记中这样写到。

帕劳仲夏梦

文/游 者

马泽林没有想到，大学追了整整四年的白莉莉会主动联系自己；他更没有想到的是，毕业已经整整八年，这个名字还是能轻易在自己早已经铜铸铁打的心底搅起涟漪。

这一天，他整个人的状态都不对。先是从宿醉中醒来，呆呆看着身边的陌生姑娘——自己连对方的名字都没来得及问。姑娘比他醒得早，默默地收拾着头天夜里被自己扔得到处都是的衣服。马泽林默默地看着她一系列的动作，什么都没有说，毕竟像这样萍水相逢的关系，在当下这个社会再常见不过。

百无聊赖里，马泽林举起一只脚，晃了晃，墙壁上的感应器捕捉到了他的动作，打开了投影电视。

外面没有好消息，也没有坏消息。马泽林点起一根烟。

不那么令人高兴的是，如今这里是隔离区，人们的活动十分受限，基本上除了这个钢铁围城，哪儿都去不了。该庆幸的是，这里还算是隔离区里的富人区，虽然比不得"天上人间"，但是在当今这个世界环境下，比下是绰绰有余的了。

马泽林吐出一口烟。眼前的这富饶的一方天地都源自于根植于自己血液中的与众不同。这些年，他从零开始，严格自律，一步一步走到今天，终于在父亲的资助下入住了这里的豪宅。目前，虽然自己好像什么都已经不缺，生活却永远那么无味。

马泽林把烟蒂在台面上掐灭。迷了眯眼，用力一甩，投掷到床尾的垃圾桶里。

这时，他突然看见通信机显示的2个未接电话和一条未读消息——

这些年你过得怎么样？我们老地方见个面吧。明晚6:30。

白莉莉

他好像感到胸口受到了重重一击，胸腔里"碰碰碰"地响了起来。

无名女孩把自己的美腿小心地收拾到了丝袜里，然后两只脚交叠在一起，她抬起头，看见马泽林正呆坐着，于是轻轻一笑："你觉得怎么样？"

马泽林整个脑袋是懵的，他喃喃地说，"好。好啊。"

姑娘抿着嘴说："再见还能有感觉吗？"

"有……肯定有。"怎么可能没有感觉？他想。

"那就是说……还见面吗？"

"见。当然要见！"他的思维慢慢活转了过来。

"那么……"

"老地方！"

"哈哈哈，看你这痴痴的样子。"女孩走过来，用食指点一点他的额头。马泽林好像受到惊吓，猛地往后一缩，这才看清了眼前的女子。"走啦，拜拜。"女孩娴熟地戴上面罩，然后轻盈地把门带上。

气密门关闭的一刹那，马泽林颓然倒地。与肉体的缴械同时涌来的是，铺天盖地的过往记忆。

白莉莉……白莉莉……老地方……

"将来老子有钱了，就要搬到帕劳去！"白莉莉迎着海风，大声呼喊。

马泽林皱了皱眉。

他皱眉的原因有三个：第一，他很不习惯白莉莉这样清纯的女孩子把"老子"当做自谓；第二，他没听说过这个叫做"帕劳"的地方，这很明显会让自己在接下来的对话中处于劣势；第三，也是最关键的一点，这里除了他和他的女神，还有那个闷葫芦赵普。

他打着哈欠，佯装一切尽在掌握："那个啥子帕劳是什么鬼东西哟？"转过脸对赵普，对他挤挤眼睛，"你去再买几瓶汽水来。算我的。"

没想到，这个闷葫芦油瓶子居然一动不动，反而接话说："帕劳嘛，就是那个有很多很多水母的地方？"

白莉莉瞪大了眼睛："对对对。哎赵普，别看你平时呆头呆脑的，知道的还挺多的么！"

"只是专业相关而已。"赵普把头扭了过去，望着远处的海平线，"你知道我的课题就是海洋污染这块，在帕劳的埃尔·马尔克有个举世闻名的水母湖。因为水母是很脆弱的，一旦遭遇污染或者水温急剧升降就会大片死亡。所以水母就成了一种重要的指标物，它们的整体数量和存活率能很好地反映当地的水体质量。"

赵普的一番话，让白莉莉看他的眼神都变了。"行了行了书呆子，快去买饮料。"马泽林不耐烦地催促。

其实今天逛海边是马泽林的主意。他们所在的这个城市哪哪儿都谈不上出类拔萃，但是却拥有全国数一数二的海洋大学。既然是海洋大学，自然离着大海近在咫尺。马泽林开着带巨幅天窗的大车，载着白莉莉兜兜海风，再找个有点情调的馆子吃点时令海鲜，妥妥儿地能把自己和女神的距离再拉进一步。没想到自己千算万算，算漏了这个赵普。一听说自己要去海边，非说要带上自己，去顺道取点样本回来化验。马泽林本想直接拒了他，结果白莉莉已经来了，看到这个场面，直接笑喷了，说那就带上他呗？这下可好，请神容易送神难，这个书呆子二百五真是甩也甩不掉。

"好好的约会，非得来当个灯泡！"望着赵普远去的背影，马泽林忍不住抱怨。他朝白莉莉张开双臂，想要给她一个大大的拥抱，没想到后者灵巧地躲开了。马泽林倒也不恼，他知道心急吃不了热豆腐，就凭自己的条件，还有什么追不到的姑娘？

直到很久很久以后，白莉莉和马泽林眼里的书呆子走到了一起，他才发觉这里头最蠢的那个灯泡其实是他自己。

而赵普，看着老实，绝不是什么普通的书呆子二百五。

所谓的老地方，就是一座滨海的小咖啡厅，当年白莉莉没少在这消磨时光。有白莉莉的地方，自然也少不了他马泽林。

推开吱呀作响的半截门，马泽林一眼就看到了临窗而坐的白莉莉。没想到，这么多年过去，她居然一点都没变。不，再走近一些，马泽林还是透过半昏半黄的灯光看到了岁月在她身上留下的痕迹。她的皮肤不再像少女般光泽，细细的鱼尾纹也已挂在了她的眉角旁。毕竟是八年了。就连当时崭新的桌椅也变得斑驳，而窗框的锈迹更是提醒着马泽林，眼前人早已经是青春不在。

"你，来啦？"白莉莉微笑着说，"你一点儿都没变。"

"还好吧。"不知为什么，马泽林突然有些释然了。他那躁动不安的情绪就好像一束微弱的小火苗，在他身体里某个不知名的地方，暗暗地熄灭了。

"看得出来，你变化也不大。"马泽林坦然地说，同时回头招呼了一下，"服务员，菜单。"

一个大学生模样的姑娘走了过来，有些慌乱地说："那个，不好意思，我老公没在，没有厨师……"

马泽林皱了皱眉，"你不会做饭？"

"对不起，不会。"

"那你们开的什么店？"

"咖啡店。"

"你……"马泽林想要发作，瞥了一眼坐在对面的白莉莉，压着火气说，"来一壶普洱。"

"对不起，店里没有。"

"不是，你们到底有什么？"

"好了好了。"白莉莉笑着替年轻的老板娘解了围，"来两杯奶茶，不加冰。"

姑娘如释重负，仓皇逃走。

马泽林突然觉得自己很好笑，摇了摇头。白莉莉盯着他的眼睛："我说，老马，你真的一点都没变，就连生气时皱眉头的表情都跟以前一模一样。"

"变没变又怎么样？"马泽林没好气地说，"这世界上没什么是不会变的，谁都一样。"

白莉莉点了点头，"你说得对。"

马泽林突然笑了起来。是啊，没有什么不会变的。自己不再是刚上学那会儿的愣头小子了，白莉莉也早就嫁作他人妇，不再是那个青春无敌的女神。大家既然都不是小孩子了，还玩什么你猜我猜你的游戏呢？谁也过了两小无猜的年龄了对不对？

他决定单刀直入："好几年没见了，突然找上我，直说吧，什么事儿？"

白莉莉好像没有料到他会一下子变得这么直接。但很快她也释然了，于是也不再端着说话，"行啊老马，我说你没变，你还真是老样子。我确实是无事不登三宝殿。我遇到事儿了，恐怕要麻烦麻烦你。"

"跟赵普有关？"

"跟赵普有关。"

尽管从昨天早上到现在，马泽林一直在竭力忽略这个名字，但实际上，那只大象就在那里，你越不想想它，它就走得离你越近。直到朝你发起冲锋，闪现到面前，蹬鼻子上脸。

"他不是挺好嘛，我听说学术上也小有成就。"马泽林揶揄地说。

"你也知道现在这个环境……"

"是啊，谁不知道呢。"马泽林说，"咱们都没赶上好时候。刚毕业不到一年，一切就都改变了。谁也没想到，一场小小的局部冲突居然会改变世界。"

"赵普想到过，他总是能想到。"白莉莉说，"当人类的技术越来越进步，人们就在自我毁灭的路上越走越远。即使是一场地区冲突，从前人们用的是石块，然后是匕首、枪支，最后呢，可能是武装机器人，也可能是背包式核武器。"

"但是没人能想到结局。"

白莉莉点了点头，又摇了摇头。"巨大的台风摧毁了全世界大部分沿海城市，那还仅仅是表象。由于大面积的林地和湿地被彻底毁坏，整个地球生态都变成一团糟。动物和植物大量灭绝，狂风和沙尘暴成了天气预报的主角。土地沙化，水土流失等等都成了微不足道的小事。核辐射指标才是每个人日常最关心的事。"

马泽林摇了摇头，"地球生态已经完了。到现在，所有的人都只能在一个个保护区里生活。想也可笑，人们努力了这么多年想要追求自由，终于成功画地为牢，作茧自缚。"他顿了顿，继续说，"那些最富有的人早已抛弃了地面，去到同步轨道，住那些大型空间站组成的新城。在他们看来，那才是真正的'天上人间'。而地面上的，只不过是些微不足道的蝼蚁罢了。"

白莉莉摇摇头，"有一点你说的不对。地球生态还没有完。"

"还没有完？！"马泽林突然激动起来，他敲着桌子说，"你看看这儿，看看这一切，我们回不到过去了！你看看那边！"他手指向窗子，远远的海面在他们看来，好像蒙着一层厚厚的毛玻璃，模模糊糊。"那是什么？有机生态圈？别逗了！我们现在都是罩子里的人。我们、只能、隔着玻璃看大海！"

周围一片寂静。就连端着奶茶想要送过来的姑娘也被他吓住了，愣在原地，不知所措。

马泽林的眼泪流下来了。

他紧紧闭着双眼。他怀念起多少年前上大学时的日子，在那些日子里，他开着车，带着自己的女神，还有好友，吹着海风，一起看海。

所有的美好，随着青春，一去不回。

"赵普……他现在怎么样了？"他睁开眼。

白莉莉的语气无比平静，几乎没有一丝情绪："他去世了。"

马泽林瞪大了眼睛。

"他去世了。也许是因为他的执着。他这个人，你也了解的……即使是在辐射最严重的时候，他依然坚持在野外工作。"

"他疯了！这是自杀！"马泽林近乎失声。

"也许。"白莉莉说着，眼泪慢慢流了下来，"但是他有他的执念。我倒觉得，他一直到死，都是幸福的。"

"当然幸福了。"马泽林换了种口气，"毕竟有你这么好的妻子。"

"好妻子？"白莉莉破涕为笑，"我真的不清楚自己配不配得上称为好妻子。也许，我早就该劝阻他，让他安安稳稳地过日子，才是好妻子吧。一个好的妻子，应该是以相夫教子为荣的。"

"我不明白。"马泽林喃喃地说，"他……他也太不负责任了！一个有责任心的男人应该……"他的话头突然打住了。逝者为大，何况，马泽林自己可能是最没责任心的男人了，无论站在何种立场，这句话都不应该从他的嘴里说出。

"他，有他自己的梦想。"

马泽林叹了口气。

"对，梦想。有梦想是好事。可是梦想有什么用？没有用的梦想，那又有什么用？是，命运是对他太残酷了。别的人还好，他的专业，他的工作，一下子破灭了，他所信仰和喜欢的东西，一下子变成了最没用的东西。抱歉我这样说。可是他呢？这个赵普？他怕是还活在自己的梦里吧。如果早点看清现实，那也不至于……"他说不下去了。

白莉莉静静地看了他一会儿，轻轻地说，"其实，我这次来，除了想给你说这个，还想带你去看一样东西。"

"什么东西？"

"是梦想。"

"梦想?"

"对。"白莉莉微笑着说，眼睛里闪着泪花，"我会带你去看看他的梦。"

"最初的，和最后的梦。"她补充说。

水母。漫天的水母。

抬头仰望的时候，马泽林感到了一阵眩晕。

水母的数量太多了。它们或大或小，有的纯白，有的略施粉黛，有的微微发黄。它们是那么安逸，就在温暖的水中漂浮着，差不多每二十到三十厘米的距离就会有一只，像精灵似的，调皮地打着转。马泽林犹犹豫豫地伸出一只手，想要触碰这水中的精灵，那精灵却灵巧地躲开了，一如青春年少时，他没能抓住的那只手。

在这一瞬间，马泽林突然明白了白莉莉的话。你不能说梦想是没有用的。

由于剧烈的地壳变化，一部分地面沉入水底，漫步在这里，抬眼望去，那二三十米远的水面看起来倒像是天空了。他没有想到，赵普居然真的把帕劳的水母带到了这里。他和水母跳着舞，脑海中浮现出一幅幅画面。他似乎看到了那个瘦小的男人，一步一步地用双脚丈量着弯弯曲曲的海岸线，一管一管地取水研究，一只一只地撒下水母的幼苗。一年，两年，三年……水母是种很脆弱的生物。他一遍一遍地遴选，培育，播种……终于，无数的水母像鲜花一样绽放在这片小小的海湾中，而他，就在这夏花簇拥中永远地死去。

马泽林看到了这一切。

他在水中，哭了，又笑了。隔着玻璃面罩，水母们看着他，轻轻地触摸他。他已然忘却了世间的一切，心中只有这一方天地，一抔净土。他迫不及待地向着更深的地方游去，向着更远的地方游去！他迫不及待地想要拥抱更多的大海。

他最想拥抱的，是那个夏天。

……

马泽林睁开了眼睛。

也许是昨晚喝得太多了。脑袋恍恍惚惚的，好像一只皮球被人用气泵打了气，却又没有打足，说瘪气倒不瘪气，就是一运作起来就别别扭扭的，不知道状态。

搬来"天上人间"已经三年了。

马泽林睡眼惺忪地看了看身边，早已成为自己妻子的那个人没在床上，属于她的半片领地里，扔着她昨晚丢得到处都是的衣服。

马泽林伸出的手在床头柜上抓了又抓，没有摸到烟。他的神智略微清醒了些许——自己的太太不喜欢自己抽烟。哈啊，自己怎么忘了呢。明明已经很久了，有些事情却好似就发生在昨天，和当下的距离也不过是一层毛玻璃。

他抬起脚，晃开了电视机。

他好像期待着什么，又好像什么都没有。最终，他又一脚关上了电视。

床头柜最下面的一层里有烟。对方也许知道，也许不知道。睁一眼闭一眼又如何？现在的世界不都是这样么？现实嘛。多现实。马泽林有那么一点想笑话自己，他伸手去柜子下面掏，那种微微刺激的感觉好像是从前的妻管严在掏辛辛苦苦攒下的私房钱。然而，烟摸到了，同时他却也触碰到了另外一样东西。零点几秒钟后，在自己的视线移过去之前的一刹，他的大脑已经反应出了那是什么。

他全身的血管都收缩了，片刻之后，他释然了。

　　那是当年白莉莉给他发来的最后的照片。他也不知是怎么了，专门打印出来放在相框里，倒也好似一幅印象派的名作了。早年自己还装模作样地点评一番，自从搬到"天上人间"，评头论足的经历再也没有了……它一直被扔在不知所云的地方吃灰。

　　是妻子放在这里的？她已经都看到了吧。

　　"呵呵，最初的，和最后的梦吗？"

　　马泽林点起一根烟。

起源之地

文／流　沙

太阳像一滴血，以肉眼可见的速度在舷窗上洇染开，不大会儿便成为暗红的一滩。它尚未冷却的巨大躯体依旧散发着光和热。溅起的日珥像濒死病人挥舞的双手，要抓住最后一点时间。

进入近日加速轨道后，太阳会在视野里越来越大，直到完全占据整个舷窗。所有人很有默契的不再说话，连呼吸都变得小心翼翼。

在暗红色的边缘，提示框突然标注了一颗微尘般大小的目标。随着唐洛的目光，目标被自动放大到占据整个舷窗，控制室里响起一片压抑的惊呼——那是一团不规则的物体，不论在自然界还是人类的工业史中都无法找出与之相似的造物——它是太阳的第一个祭品，常年遭受太阳风暴和各类射线的冲击、融化、变形、冷却的循环，才有了今天这狰狞的外形。

舷窗下方弹出消息：

目标 1：阿波罗空间站

废弃时间：2184 年

废弃原因：耀斑爆发导致站体破裂，机组成员死于高温辐射。

……

是否尝试连接？

曾经承载着所有希望的空间站，如今化作一具扭曲的遗骸和简单的注释。唐洛努力忍住眼中翻滚的泪水，触控面板在指缝中发出细碎的呻吟。

不是已经告别了吗？不是早已知道结果了吗？为什么还是会忍不住？

"舰长，船员们在等着您的指令。"副舰长的声音在私人频道里响起。

唐洛用力的吸了吸鼻子，好让自己的声音听起来没有软弱的哭腔。"全体人员准备。气象部一组，随时监控彗表冰层温度。气象部二组，检查储备大气，准备铺设抗辐射层。动力部，检查冰冠加热系统……其他部门待命。"

布置完所有工作，唐洛长长出了一口气，感觉全身的力气都被抽空了。她抬手在空中划动，调出五只同心光环组成的飞船控制界面。"在播种计划进入下一阶段之前，波塞冬号陆地科研舰指挥权由副舰长暂代。命令发起人：唐洛。职务：舰长。舰长密码……"

　　暂时移交指挥权后，唐洛躲在舰长室里看着窗外的冰原。阳光开始照亮漆黑的彗表。每隔 76 年哈雷彗星都会在阳光下揭开自己神秘的面纱。但在人类的见证下袒露生命起源的秘密还是第一次，也是最后一次。

　　冰原渐渐变亮，窗外的黑夜被淡青色的冰层取代。粗糙的冰层断面、陡峭的冰壁，像是从宇宙洪荒之初一直保留至今的古迹。这里的风景总是会让唐洛想起正经历着有史以来最严酷、最漫长亦是最后一次冰期的地球。但唐洛知道，地球厚重的冰层下掩埋了数不清的谎言和绝望。而在这些青色的冰层下面，那些微微透出红色的冰簇是方教授和自己的梦想，是人类文明延续的最后一点希望。

　　人类文明还曾有过许多希望，其中之一就是阿波罗空间站。这个以古希腊神祇命名的空间站在人类可以到达的最近距离研究太阳急剧衰老的原因，并试图挽回这个过程。老唐正是这艘空间站的第一科考组组长。

　　在唐洛的记忆里，老唐是伟大的科学家，但绝不是称职的父亲。

　　幼时的记忆里是无尽的走廊，狭窄的楼梯，千篇一律的学习和劳作。越来越暗的太阳，带来了漫长的冰期。人类被迫迁居到地下的那年，唐洛才刚刚出生。被严重挤压的生活空间造就了这一代人乏善可陈的童年。比这更糟糕的是永远早出晚归，没有空闲的父亲。

　　母亲说，父亲是研究太阳的，他会让太阳重新变亮。到那个时候，他们一家三口就可以去地面呼吸新鲜空气，去看花草树木，还有各种只能在视频里看到的动物。还是个少女的唐洛相信了，立志要复活那些只生活在 VR 眼镜和上一代人记忆里的动植物。唐洛至今都会为自己的幼稚汗颜。现在看来，整个阿波罗计划简直是人类史上的一出闹剧。自大、侥幸、否认失败……这些人类作为万物之灵的原罪推动着整个阿波罗计划，像一辆失速的火车，向着深不见底的悬崖冲锋。当局不遗余力地鼓吹之下，连撒谎者自己都相信了这个谎言，完全忘记了重燃那颗已然迟暮却依旧高悬天空的核反应堆不是换一只灯泡那么简单。

二者唯一的共同点在于：距离要足够近——于是就有了阿波罗空间站。

老唐头一个提出了随行科考申请。家里则爆发了唐洛记事以来最为猛烈的核反应。

唐洛从来不知道，温柔端庄的母亲有如此凶悍的一面。

当老唐宣布他将随行阿波罗号一同升空时，时间仿佛停止了。筷子悬在半空，像是被凝重的气氛冻住。可怕的寂静持续了很久，突然被母亲歇斯底里地咆哮打破。她抓起手边一切，将它们扔向沉默的老唐；她咒骂着，哭嚷着，细数老唐的罪状和自己的委屈；她发疯一样将一地的狼藉踩得粉碎，在一片废墟中撕扯头发、尖叫着打滚。唐洛早已吓得缩在墙角，不敢发出一丝声响。而老唐始终沉默地看着妻子发泄怒火。最后，她消耗完了所有的力气和怒火，躺在满地污秽中不再动弹。

她说："老唐，如果我死了，你也回不来了。小洛该怎么办？"

老唐的表情终于有了波动。他看向角落里不断发抖的唐洛，动了动嘴唇，却依旧没有说一句话。

母亲血液在不知不觉中流干，只有一双眼睛死死瞪着天花板，像是要穿过重重阻隔直到那颗给全世界带来无尽麻烦的太阳。

那双眼睛烙在唐洛的脑海中，顺便终结了唐洛的童年。

老唐最终还是走了。临行前他在早已是一片废墟般的家里陪唐洛谈了很久。很多内容唐洛已经不记得，但有句话深深的印在脑海中。

刺耳的警报打断了唐洛的回忆，副舰长的紧急呼叫挤进频道。

"舰长，彗表温度不足以蒸发冰层，播种计划无法进入下一阶段。"副舰长的声音罕见地有些起伏。"我们……恐怕得启动核反应炉加热了。"

寂静像是窗外坚硬的冰，压在每个人的心口。紧急集合后，所有人的目光都集中在唐洛脸上，刺得脸颊生疼。自从踏上波塞冬号的那一刻，唐洛就知道没有回头路。但此刻，要所有船员和自己一起赴死，唐洛却犹豫了，哪怕这个结局早在一开始就已经写好。

"再等等。如果在近日点不能达到目标温度，再开启波塞冬号能源反应炉加热。"

"舰长，我们已经准备好了，随时可以开启反应炉。"副舰长郑重地对着唐洛行了个军礼。

唐洛僵硬地举手回礼。如果可能，唐洛不希望动用波塞冬号反应炉的能源。那是整个舰队赖以生存的源泉，一旦动用就表示整个舰队要在冰冷的哈雷彗星上等死。

对不起。我没有别的选择……

对不起，小洛，我没得选择……

老唐随着阿波罗空间站升上太阳之前也是这么说的。

唐洛至今不知道，自己对老唐究竟是敬佩更多，还是仇恨更多。

就像她不知道为什么大学一定要继续生物学这个早已破碎的梦一样。也许在自己的心里总还是渴望蓝天绿草中一家三口的幸福生活，哪怕那只是一个二手的谎言。报考非常顺利，毕竟这个时候已经没有人会去花时间学习这种毫无用处的学科。对于大多数人来说，研究物种如何起源这种虚无缥缈的问题远不如研究人类怎么灭绝，或者说如何避免人类灭绝来得实用。

方教授除外。他是个不折不扣的倔老头，倔到为了梦想可以孤独终老。人生走到末尾竟意外得到一个徒弟，令倔老头压抑了数十年的感情和期望呈井喷式爆发。作为全系的独苗，方教授钦定的接班人，唐洛的学习方式从一开始就走上了非常规路线。

"哈雷！一定是哈雷！航天局收藏的那颗蛋就是证据！"

不知这位方教授是终于觅得传人的欣慰，还是长期遭受排挤导致心情极度压抑。开学第一节课，方教授就对着唐洛施展咆哮体灌顶法，用那只盘出包浆的拐杖敲打着地面发狠地吼道。"生命不是从无机物偶然生成的，是其他文明播种的！"

唐洛定了定神，意识到生物学可能是个坑，会先太阳一步把自己给埋了。

但方教授并没有给唐洛时间去后悔。除了第一堂刷新三观的课以外，方教授渊博的知识令唐洛深深折服。非常时期行非常之法——这是方教授给唐洛上课的唯一准则。写论文、做设计、打申请、跑关系……对待"播种论"的问题，爷爷辈的方教授保持着令唐洛汗颜的活力，也潜移默化地影响着唐洛。她追随着方教授的拐杖东奔西走，设计整个考察项目。唐洛不仅要学习生物学，还需要学习天文学、航天动力学、航天指挥学，甚至还考了穿梭机驾驶证。所有的课程都服务于一个天马行空的理论：哈雷彗星上有地球生命起源的秘密。

老人的眼睛永远盯在那个遥远的目标上，随着那颗名叫哈雷的彗星一步步靠近太阳，分毫不曾移开。唐洛毫不怀疑：如果真的有机会，方教授也会和老唐一样义无反顾地登上飞往梦想的太空舰。哪怕他那一身老骨头在发射的一瞬间就会因为超重压得粉碎。

在那段女人当男人用，男人当牲口用的求学生涯中，唐洛渐渐有些理解了老唐。他和方教授一样，都是那种为了梦想可以把一切东西押上赌桌的人。

方教授的梦想是解开哈雷彗星上的秘密，那么老唐的梦想是什么？应该不是修好太阳——二百年前，苏联人修不好切尔诺贝利核电站；二百年后，地球人同样不可能修好放大了亿万倍的反应堆。"重回蓝天绿水"这种谎言只能欺骗一下无知孩童，不可能骗得过作为总工程师的老唐。

那个让老唐抛弃妻女毅然踏上不归路的梦想究竟是什么？唐洛一直没想明白。

梦想是个催人奋进的东西，同样也催人衰老。已逾耄耋之年的方教授终究没等来登上太空舰的机会。他的健康和梦想在现实的黑巷中加倍燃烧，终于在一个平凡的夜里耗尽最后一点火花。

唐洛痛痛快快地哭了一场，一半是因为迷茫，一半是因为悲伤。直到方教授去世她才发现：童年缺失的父爱已在她亦步亦趋的求学生涯中，被这个倔得令人头疼的老头填满。如今陡然失去，她才明白支撑自己一路走来的，更多的是方教授的引导和鼓励。作为真传弟子、门派遗孤的唐洛接手了老人所有的研究和计划。顺便继承的还有那只已如古董的拐杖。唐洛常常用手摩挲着它光滑的表面，想象着自己的一生也会和方教授一样，为了一个缥缈的梦想抵上所有的筹码，耗尽每一寸时光。那一刻，唐洛真的明白了老唐。他们是父女，血管里奔腾着一脉相承的执着和疯狂。

但从感情上，唐洛依旧无法原谅老唐。

"舰长，已经到达近日点附近了。冰面……还是无法化开。"

如果从地球上看，此刻的哈雷彗星再也不像之前路过太阳那样拖着绚丽的尾巴。它现在与一块漂流的陨石一样，收起了往日的高调，无声息地绕过太阳的残骸，对这个亿万年来定期造访的站点做最后的告别。

冰面在太阳的照耀下已经有些刺眼，青色的冰层下若隐若现的红色，却始终没有融化的迹象。一抹黑影陡然飘过，所有人的目光短暂地被天空中巨大的阴影吸引。

阿波罗空间站的残骸静静地从上空飘过。

它见证了濒死的太阳最后挣扎的过程。数万吨的钛合金构架在太阳风暴和粒子潮的冲刷下扭曲成一副诡异的姿势。像一只狰狞的巨兽扭动着腐烂的身躯，鼓起残破的翅膀，长短不一的触须摇摆挥舞，发出钢铁挤压变形的嚎叫。

唐洛仔细地聆听着，希望能从巨大的噪声里辨认出熟悉的声音。

……有些事情，总要有人去做，哪怕明知道会失去生命……

也许在老唐下决心踏上阿波罗号那一刻起，就知道自己永远回不来了。母亲也是出于这个原因，不惜舍弃生命也要阻止。

阿波罗空间站在升空的第十年发生事故。那一年，唐洛成为"播种论"掌门人，怀抱着方教授拼尽性命从航天局的保密仓库申请到的"那颗蛋"，并取得了突破性的进展。

阿波罗号空间站被太阳耀斑爆发喷出的风暴撕开了一个两公里长的裂口。大部分船员在风暴撕裂空间站的第一秒就被蒸干了全身的水分而死，连惨叫都来不及发出，在接下来的数秒钟里被烧成灰烬。紧接着，融化的船体化身成流着高温涎液的血盆大口，将身着防护服的船员也悉数吞噬。老唐和他的第一科研组在密封实验舱里幸运地躲过了死神的前两波收割。他们目睹人类智慧最高结晶像纸糊的风筝一样在狂风中破碎解体。

完全由钛合金打造的密封实验舱抗过了肆虐的风暴。却被融化的残骸包裹住，与巨大的空间站骨架融为一体，像一只粘在蛛网上的虫子。

幸好，通信系统还在工作。老唐把生命的最后十分钟留给了唐洛。

十年未见的父女隔着屏幕彼此相望。屏幕里的老唐努力挤出微笑，稀疏花白的头发凌乱的俯在头上。记忆里精神矍铄的父亲竟然变成了一个弓腰驼背的老头。唐洛看着他，似乎和逝去不久的方教授重叠在了一起，双眼噙着眼泪却怎么也说不出话来。父女俩隔着1.5亿公里的距离，用唐家祖传的沉默交流。终于，老唐开口了。

"小洛，对不起，我回不去了。"老唐的声音沙哑得有些陌生，"从我登上阿波罗号的那一天起，我就知道自己不可能回去了。

"在我接触太阳重燃计划之初，我就已经知道，太阳很快就会熄灭。那个时候，不管是躲在地下城哪个角落，都难逃一死。我们的科技不够发达，做不到星际旅行。等着我们的就只有灭亡。不只是我，我们所有参与研究的人都知道。仪器越精密，模型越完美，得出的结论就越让人绝望。太阳熄灭的速度会越来越快。也许等20年，或者 10 年，整个地球都会冻成一坨冰块。拼尽全力竟然只能证明人类难逃灭绝，那种感觉每次回忆起来，都让我想要立刻去死。我有时在想，长痛不如短痛，也许现在就做个了结更好。

"可是小洛，在我打算放弃的时候，你出生了。把你抱在怀里的那一刻，我忽然觉得我生命里的太阳又燃烧起来，我找到了活下去的意义。我想要让你，我的女儿活下去。我的女儿是这个世界上最完美的女孩，她应该活下去，她必须活下去。我要让她活到 12 岁、18 岁、30 岁……她应该快乐地长大，即使是在拥挤的地下城里。她应该和朋友一起度过无忧无虑的童年，她应该有一个精彩的青春年华，去邂逅一场爱情、结婚、生子。她会和爱人幸福的生活，会打闹，也会吵架，会开心地笑，也会伤心地哭。她也应该有一个自己的孩子，去体验为人父母的那份牵挂和自豪，那种为了她你能对抗全世界的感觉。哪怕是在地下城我也希望她能体验到完整的一生。所以我要让太阳重新烧起来。哪怕是让它再坚持 20 年，10 年也好。

"小洛，我希望自己能陪你长大，能陪你过完生命里的每一天。可如果这些可以用来交换你活下去的可能，我一点儿也不在乎。我想要你活下去。哪怕只是多了一年、一天都可以。

"这次的耀斑爆发，是我们最后的手段。阿波罗号所有的核燃料都用来引爆这次爆发，不管能否成功，我们都回不去了。当我看到耀斑开始活动，小洛，我很高兴。我为我的女儿争取到活下去的时间，哪怕只有一天。

"小洛，还记得我对你说过的话吧。每个人都会离你而去，但你一定要好好活着，一定。"

通信是什么时候断掉的，唐洛已经不记得了。她甚至不知道在老唐生命的结尾，自己对他说了什么，抑或什么都没有说。

警报已经越来越急促。唐洛抬头迎上副舰长急切的面庞。所有人的目光都集中在自己身上，但这次唐洛只觉得心中一片宁静。

唐洛的目光从每个人的脸上滑过，最终停留在副舰长的脸上。

也许那个时候，老唐也站在同样的位置，下令把阿波罗号的反应堆投放到太阳表面。

"各位，对不起。"唐洛对着控制台下的众人深鞠一躬。"动力组启动反应炉，所有能量优先供应加热系统。气象二组，抗辐射层开启到最大，准备释放大气。播种小组准备，穿梭机升空待命。"

唐洛转身走出控制室，对尾随的副舰长说："任务结束了，趁我们还有时间，去做你想做的事情吧。"

当唐洛换好地勤服时，却发现副舰长竟然已经换好了地勤服依旧站在门口。

"你怎么在这里？"唐洛问。

"做我想做的事。我还知道你想要这个。"副舰长指了指手中的篮球大小的匣子，脸上第一次露出笑容。"我想陪你去。"

"波塞冬的能源快要耗尽。出去了就再也回不来了。"

"嗯，我知道。"

唐洛的心微微一颤，任由他拉着自己的手走出船舱。

波塞冬号停留在一个盆地的边缘。冰面下跳动着明亮的光芒，直到目光所能达到的尽头。那是深埋地底的加热网最高功率工作时逸散的光。唐洛隐约听到冰面融化开裂的声音和潺潺的流水声。

她抬头看去，阿波罗号化作的怪兽在太阳暗红色的背景下缓缓移动。

冰面很快开始出现坍塌，溅起水花的声音逐渐清晰起来。融化的冰水很快汇成一片湖泊，红色的卵漂浮在湖面，更多的镶嵌在尚未融化的冰中。

这些卵就是生命起源的秘密。

方教授的假设是正确的——地球生命并不完全是从无机物演化而来，而是被播种的产物。这些被称为"静息态"的卵，能够抵御极限的温度变化、超强的冲击、致命的射线。人类使尽了手段，也不能在它坚硬的外壳上钻出哪怕一个小洞。

唯一能打破它的方法竟然是水。

静息态的卵在水的作用下孵化，变成感受态。感受态拥有整合外部遗传物质的能力。在缺少水源的不利环境下，感受态又会重新退化回静息态，用生长出的坚硬外壳包裹自己，同时保护整合的遗传物质。

这颗静息态的卵，源自于76年前哈雷彗星造访太阳时人类顺手开采的冰矿。正是发现了这个作用，唐洛才能够得到濒临崩溃的人类文明支持，用最后一点资源建造波塞冬号。他们的唯一任务就是在哈雷彗星最后一次造访太阳系时，将静息态的卵尽可能多地转化为感受态，把精挑细选的人类基因组整合入感受态的体内。待到哈雷彗星远离太阳，包裹着人类基因组的感受态重新退化回静息态。携带着人类基因组开始进行漫长的太空旅行，等待着下一个偶然的机会，重新孵化出文明的种子。

"这些卵飞出太阳系的话，大概会坚持多久？"副舰长打开匣子，把那颗不远万里从地球带回起源之地的卵交到唐洛手中。

"我不知道，也许这些卵是更高级的文明制造的，或者它们本就是宇宙里的某种生物。"隔着地勤手套，唐洛轻轻地抚摸着卵的表面。"它们应该已经存在了很长时间，远远超过地球和太阳的年龄，或许从宇宙产生之初就已经存在了。所以我想，它们应该还会继续存在下去，直到宇宙的终结。"

"那可真是够长的时间了。"副舰长感叹。

"是啊，跟它们相比，人类连朝生夕死的蜉蝣都算不上。"尽管以人类现有的水平不可能摧毁这颗卵分毫，唐洛依旧小心地把卵抱在胸前。

"如果有一天，这些卵找到了一个新的星球孵化。从头开始进化出的生物还会是我们这个样子吗？"副舰长问道。

"我不知道。"唐洛想了想说："我们的文明太年轻了，一个外星文明也没接触过。根本无从想象从头开始进化会产生什么样的'人类'。"

"可能会有两个脑袋吧，或者男女天生就是在一起的。"副舰长笑着说，"那样下辈子就不用找另一半找的那么辛苦。"

唐洛看着眼前这个魁梧的男人，嫣然一笑："谢谢，希望下辈子不用那么辛苦。"

一声清脆的破壳声响起。两人转头看到了一只形似于水母的生物破壳而出，八只触手轻轻舞动着悬浮在半空。

"水母？我可不想下辈子投胎成一只看不出公母的水母。"副舰长皱起眉头，逗笑了唐洛。

她抬脚步入水中，打开面罩，人造大气的密度已经达到可以呼吸的程度。

"在地表生态还没有崩溃以前，海洋里有种水母叫灯塔水母。它们有种特殊的本领。当他们成年以后，进行有性繁殖。生殖过后的母体能够再次退化到幼体。这种现象叫做分化转移。也许灯塔水母就是这些水母的后裔。"

　　唐洛伸出手指拨弄着那只刚孵化出的水母。水母柔软的触手轻轻滑过她的指尖。很难想象这柔软的身体竟然可以挣破那层刀枪不入的外壳。在唐洛的身边，更多的水母开始孵化，它们向着高空飘浮开去，渐渐组成一条粉色的河流。

　　"灯塔……"副舰长看着飘浮在空中的水母，"照亮文明的来路和归途吗？"

　　唐洛用手轻轻托起，将那只缠绕在指尖的水母送上高空。五只同心圆在手中亮起，随着唐洛的手指旋转着发出指令。

　　满载着遗传信息的穿梭机呼啸着飞入更高层。

　　"开始播种。"

忘却的航程

文／分形橙子

题记

我们已经走得太远，以至于忘记了为什么而出发。

——纪伯伦（Kahlil Gibran）《先知》

盖娅的旅行

"这是一个阳光明媚的春天，小姑娘盖娅背起背包，告别了家中日益病重的母亲和弟弟墨利、妹妹维纳，走出了他们居住的小屋。今天她要离开这个小村庄，去森林里给妈妈采药。她的背包里装满了盖娅为这次出行准备的东西。

盖娅走呀走呀——走呀，她走过红脸叔叔的家门口，红脸叔叔正在地里挖土豆，村里人都知道，红脸叔叔种了两颗很大的土豆树。他看到盖娅经过，于是抬起身向小盖亚打招呼，"小盖娅，你要去哪里呀？"

盖娅正低着头急冲冲地走着，她听见了红脸叔叔的话，连忙抬起头，对红脸叔叔说，"叔叔好，我妈妈生病了，我要去森林里给妈妈采药。"

红脸叔叔听了盖娅的话，忧虑地说，"盖娅，你这样两手空空怎么行，我听说森林里有怪物呢，最可怕的是一种叫做半人马的怪物，专门喜欢吃小孩子。"

"妈妈，什么是半人马？"安东问道，他今年五岁，一双明亮的眼睛似乎永远都充满了好奇的光芒。

"半人马……"妈妈皱了皱眉，"大概是一种一半是人一半是马的怪物吧。"

"它会吃人吗？它会吃掉小盖娅吗？"安东急忙问道。

"听妈妈讲完好吗？"妈妈微笑着抚摸着安东毛茸茸的脑袋，"听妈妈讲完这个故事，安东就知道了。"

"可是我不愿意盖娅被吃掉呀。"安东奶声奶气地坚持道。

"不会的，妈妈向你保证。"妈妈说。

"那就好吧。"安东相信了妈妈。

"盖娅听了红脸叔叔的话，有点惊慌，红脸叔叔马上告诉她，"不要担心，叔叔给你一把铁做的剑，要是有怪物伤害你，你可以用铁剑打跑怪物。"说完之后，叔叔从小屋里拿出一个铁剑交给盖娅。盖娅接过剑，真沉啊，那把剑真的是铁做的。盖娅谢过了红脸叔叔，继续往前走，她走得很快，不久之后就看不到红脸叔叔和他的小屋了。

可是，一条小河突然出现在盖娅面前，挡住了盖娅的去路。这条小河不深，清澈见底，盖娅完全可以直接走过去，但是小河里有很多鳄鱼，这可怎么办呀。盖娅有些着急，但她突然想起来在她的背包里有一些小石头，这些神奇的小石头可以打败水里的鳄鱼。于是盖娅放下背包，取出小石头，对准一只鳄鱼丢了过去，一阵白光闪过，被小石头击中的鳄鱼消失了。盖娅高兴起来，她继续向河里丢着小石头，白光不停地闪，最后，她终于清理出来一条过河的路。就这样，盖娅顺利地渡过了小河。

盖娅继续往前走，她走呀走呀走呀，直到她遇到了一个巨大的怪物。这个怪物比盖娅要大好多好多，它把盖娅要走的路全部都挡住啦。盖娅站在这个怪物面前，就像一只小蟑螂站在一个大锅炉前面。这个怪物长着一颗红色的大眼睛，对，它只有一只眼睛。它看见了盖娅，红色的大眼睛紧紧地盯着盖娅，它说话了，声音隆隆地就像大铁炉发出的声音，"站住，小女孩，你要到哪里去！"

"我要去森林，"盖娅害怕地说，"我妈妈生病了，我要去给妈妈采药。"

巨怪发出了震天的笑声，"你想从这里过去吗？"它问。

可怜的盖娅点点头，没办法呀，巨怪挡住了唯一的一条路。

"可是我不想让你走，我很孤独，"巨怪说，"已经很久没有人来陪我说话了。"这时候，巨怪显得有些可怜兮兮的。

盖娅有点心软，但是她必须要去森林，妈妈生病了，她必须采到药，"对不起，"盖娅突然想到一个办法，"我现在不能陪你，妈妈正在等我的药，但是我保证，等我把药送给了妈妈，我会来陪你聊天的，多久都行。"

"你不会回来的，"巨怪说，"你是个小骗子。"

盖娅生气了，还从来没有人说她是骗子，"我没有骗你，"她说，"我会回来的。"

"可是我想让你现在就陪我说说话，"巨怪坚持说，"要么你给我唱首歌也行。"

"不，"盖娅不知道哪里来的勇气，她拒绝了巨怪的建议，"让我过去。"

巨怪生气了，它张大嘴巴，朝盖娅冲了过来，仿佛要把盖娅一口吞下。

盖娅突然想起她的背包里有她给自己准备好的东西呢，她往后一跳，然后打开背包，一把尺子和一把圆规掉在地上。

巨怪已经到了盖娅的面前，它黑漆漆的嘴巴眼看就要把盖娅吞掉，但当它看到尺子和圆规之后，它害怕地退了回去。

"那是什么？"巨怪问道。

"是尺子和圆规，"盖娅从地上捡起了它们，"它们是一种数学工具。"

"把它们拿走，"巨怪不耐烦地说，"丢掉它们，它们帮不了你，只能让你的旅程更沉重。"

"不，"盖娅紧紧地抓着尺子和圆规，"我知道你的把戏，你害怕它们，所以我要用它们作为我的武器，我一定要过去。"

巨怪被激怒了，它咆哮着向盖娅冲过来，但是奇怪的是，只要盖娅举着尺子和圆规，巨怪就不敢靠近。聪明的盖娅就这样举着尺子和圆规，勇敢地朝巨怪走去，巨怪真的不敢靠近她，随着盖娅的靠近，巨怪不断后退，但是路太窄了，巨怪只好努力挤出一条窄窄的路。

"你走吧，"巨怪说，"祝你好运，聪明的小女孩。"

盖娅从巨怪身边走过，她第一次近距离地看到巨怪的眼睛，它的眼睛是一个深红色不停旋转的漩涡，仿佛随时都要把盖娅卷进去。盖娅害怕了，她一路小跑，终于把巨怪抛在了身后。"

妈妈讲到这里，看到安东已经闭上了眼睛，她轻轻地把书合上，放在床头的桌子上，然后吻了吻安东的额头，从床边站起身关掉了床头灯，轻轻走了出去。如果安东还醒着，他就能听见父亲和母亲的低语。

当妈妈走出去的时候，安东的意识正在现实和梦境的边缘摇摆，他的意识正要滑入梦境，随着盖娅继续她的冒险。以至于多年以后，他不知道自己是否真的听到了父母的谈话，还是那只是一场支离破碎的梦境。

父亲和母亲低声说了一会儿话，安东听不清他们在说什么，他很快就真的睡着了。

安东再也没有见过他的父亲，那时他大概只有五岁，也许更小一些。随着时光的流逝，父亲的面容也渐渐变得模糊。但不知道为什么，安东对父亲的葬礼却印象深刻。德高望重的夏洛克神父亲自为安东的父亲主持了安魂弥撒。

很久之后，安东才听妈妈讲完了故事的后半部分。

"离开了巨怪以后，盖娅继续走呀走呀走呀，然后她看到一个戴着圆边草帽的大姐姐在和一群小朋友们一起在草地上玩耍。大概有三十多个孩子围着姐姐跑跑跳跳，他们欢快地唱着动听的歌谣。美丽的大姐姐看到了盖娅，朝她打招呼，"美丽的小女孩，你要去哪里啊？"

盖娅说，"妈妈生病了，我要去森林里给妈妈采药。"

"可怜的孩子，"草帽姐姐看着她，"前面很冷，你穿那么少，会冻坏的。"

听了草帽姐姐的话，盖娅有些焦虑，她不知道该怎么办，她从来没有去过森林，也不知道草帽姐姐说的是不是真的。不过，她马上就开心起来，她的背包里一定有可以御寒的东西。

盖娅拍拍自己的背包，"不用担心，我会有办法的。"

草帽姐姐摘下自己的草帽，给盖娅戴上，"这是一件礼物，勇敢的小女孩，祝你旅途顺利。"

盖娅谢过了姐姐，然后继续往前走，这时她身上背着背包，背包里有尺子和圆规，手里拿着红脸叔叔送的铁剑，头上是草帽姐姐送的草帽。她觉得自己肯定可以走到森林了。

盖娅继续往前走，这时，她看到了一个身穿深蓝色衣服的男孩正在地上打滚。盖娅好奇地走上前去，男孩看到了她，向她打招呼："哈喽，小女孩，你要去哪里？"

盖娅一路上都在回答这个问题，不过她并没有不耐烦，"我要去森林里给妈妈采药，妈妈生病了。"

"噢，我听说了，"男孩依然在地上打着滚，他的语气有些悲伤，"妈妈好不起来了，妈妈的病很严重。"

盖娅生气了，"不许这么说！"她喊道，泪水在她眼眶里打转，"妈妈会好起来的。"

男孩歉意地笑了笑，却没有道歉，"好吧，小盖娅，祝你旅途顺利！"

盖娅有些好奇，她看着这个一直打滚的男孩，问道，"可是你为什么不站起来走路呢？"

"我以前是站着走路的，"男孩悲伤地说，"有一个怪物撞倒了我，我就只能这样走路了，不过我已经习惯了。"他的声音又欢快起来，"你在前面会碰到我的兄弟，他的脾气可不太好，也许他会不让你过去。"

盖娅想起了之前遇到的那个巨怪，她有些发愁，"那我该怎么办呀？"

"不用担心，"男孩打着滚，"他很胖，跑起来不快，你到我身边来，让我推你一把，这样你就会跑得比他还快了。"

于是盖娅走到打滚的男孩身边，男孩伸出一只蓝色的手臂推了盖娅一把，虽然是轻轻地一下，但是盖娅马上就感觉到自己像风一样飞奔起来。

远远地，她听见了男孩最后的道别，"去吧，盖娅，这是我给你的礼物，去吧，盖娅，快跑吧，不要回头……"

盖娅想和男孩告别，但是当她回头去看时，发现男孩已经看不见了，她跑得太快了。

盖娅继续跑呀跑呀，然后她就看到了前面出现了一个浅蓝色的巨怪，这个巨怪比前面那个巨怪要小一些，而且它也有一个漩涡状的眼睛，但不同的是，这个蓝色巨怪的眼睛是黑色的。

"留下来。"巨怪说，似乎所有的巨怪都很孤独，它们总想让路过的人留下来陪它们。

盖娅喊道，"不！"

巨怪愤怒了，它朝盖娅伸出一只手臂试图抓住她，但是盖娅从蓝色男孩那里得到的礼物起作用了，她跑得飞快，巨怪连她的衣服都没碰到一点。

盖娅从蓝色巨怪身边风一般地跑过，她只听见蓝色巨怪愤怒的咆哮声。但是她的速度也越来越慢，直到看不到蓝色巨怪的时候，盖娅已经恢复了正常的速度。

盖娅继续走呀走呀，然后她又看到了一条河。这条河和之前遇到的那条河不一样，这条河很宽，而且深不见底，盖娅这次可没有办法蹚过去了。这可怎么办呀，盖娅着急地在岸边走来走去，她翻遍了背包，也找不到一个能帮助她过河的东西。

这时，一只木筏出现了，一个老人撑着篙，慢慢地朝盖娅漂过来。

"孩子，你要去哪里？"老人朝她喊道。

"我要去森林，"盖娅喊道，"我要过河。"

渡船停到了盖娅身边，老人朝盖娅温和地喊道，"上来吧，孩子，我带你渡河。"

盖娅跳上木筏，老人开始撑着木筏离开了岸边，朝对岸驶去。

"我回来的时候，你还在这里吗？"盖娅问道，她有点担心回来的时候自己还是没办法渡过这条河。

"不要回来了，盖娅。"老人说。

"为什么？"盖娅有些生气，她忘了问这个老人为什么会知道她的名字。

"我认识你戴的帽子，"老人温和地说，"戴上这顶帽子的人，没有办法走回头路。"

盖娅没有说话，她也不知道该说什么，河水静静地流淌，灰色的雾气一团团地在河面上方飘荡。

"抓紧了，孩子。"老人说。

这时，盖娅发现河水变得湍急起来，老人用力撑着篙，试图不让木筏被湍急的河水冲向下游。

"怎么回事？"盖娅喊道，她更担心木筏会散架。

"别怕，孩子，"老人说，他的声音没有一丝慌乱，"该走的路总会走完的。"

似乎是为了让盖娅安心，老人唱起了一首歌。

每当讲到这里，妈妈都会轻轻地唱起那首歌谣，安东已经忘了那首歌的歌词，但那首歌的旋律却永远地印刻在安东幼小的脑海里。那首歌如泣如诉，宛转悠扬，闭上眼睛，安东仿佛看到幼小的盖娅正坐在随时都可能倾覆的木筏上，面对着眼前不可知的命运，她能顺利到达森林吗？她的妈妈会好起来吗？

和盖娅的命运不一样，安东的命运却是可知的，他的命运和他的父亲、祖父、曾祖父甚至更遥远的祖先一样，安东将成为一个烧火工。安东的家族是一个烧火工家族，他们世世代代都要看守那个像山一样高的大铁炉，不停地往里面填着各种各样的岩石。安东的父亲死去之后，因为安东还小，所以安东的叔叔不得不暂时接了父亲的班。

安东七岁的时候第一次跟着叔叔去看了大铁炉。那个大铁炉真高啊，安东觉得自己站在大铁炉前面就像一只蟑螂站在一个成年人面前一样。那座黑黝黝的大铁炉就像小山一样高，安东不得不抬起头使劲往上看，才能看到大铁炉顶端的进料口。叔叔正推着滑轨车将石块投进大铁炉，青蓝色的光芒照在叔叔脸上，让他看起来怪怪的。安东不知道大铁炉是怎么工作的，他只是觉得，大铁炉就像一只大肚子的怪兽，每七天都要吞吃掉三车岩石。叔叔告诉安东，大铁炉吃了石头以后，就会放出热量，让整个城市都变得温暖，让大家不会被冻死。可是，大铁炉为什么能吃石头呢？叔叔耸耸肩，拍拍他的脑袋，"我以前也问过这个问题，我的爸爸也问过他的爸爸这个问题，可能大家都问过这个问题吧，你要知道，安东，不是什么问题都会有答案的。"

看来这是一个没有答案的问题。不久之后，安东就有了新问题，是谁建造了大铁炉？如果以前没有大铁炉，城市里会不会很冷？安东知道，人们居住的洞穴都围绕着大铁炉，离大铁炉越远的地方就越寒冷。叔叔没有再给他答案，没有人给他答案，每个人都忙忙碌碌，忙着生，忙着死。从来没有人像安东一样问任何没有意义的问题，所有人很忙碌。

在老人的歌声中，木筏靠岸了。

盖娅跳上岸，老人在她身后温和地说，"去吧，孩子，继续走你的路，漫长的路，千万不要忘了你的旅程的目的，千万不要忘了。"

盖娅告别了老人，继续出发了。

故事到这里就结束了，安东永远都不知道盖娅有没有到达森林，有没有遇到半人马怪物，有没有采到妈妈的药，有没有回到家。

他曾经问过妈妈，这个故事为什么没有结局？妈妈告诉安东，这就是结局了，盖娅还在继续她的旅程。

再后来，安东就把这个故事忘记了，只有那首歌的旋律时不时地还在他的脑中回荡。

杰克与阶梯

从妈妈给安东讲过的故事里面，安东知道了草原、森林、河流、湖泊、沙漠和大海。

但是安东没有见过草原和森林，也没有见过河流和湖泊，没有见过大海，更不知道阳光为何物。安东倒是在妈妈工作的农场里见过一个水潭。妈妈从不让他靠近那个水潭，他有一次悄悄地把手伸进过，潭水冰凉刺骨。

安东和所有人一样都出生在这座隧道和洞穴组成的世界里。安东的祖先们在这个世界里成长，然后劳作，最后老去，埋在农场里。

父亲死后，安东和母亲依然居住在那个属于他们的洞穴里，洞穴里有明亮的白炽灯，有温暖的床铺和勉强足够的配给食物。当安东还没有成为烧火工的时候，有一天他的脑瓜里冒出来一个奇怪的问题，"我们从哪里来？我们要到哪里去？"

当安东问起这个问题时，妈妈告诉他，人类在很早很早以前犯了错，触犯了天神，所以被天神惩罚，只能永远生活在黑暗的地底。

"天神？"安东惊奇地瞪圆了双眼，"妈妈，真的有天神？"

"当然了，安东，"妈妈肯定地说，"我们的头顶上，就是天神的宫殿，"说到这里，妈妈的眼神变得有些迷茫，"等你长大了，也许你有机会上去看看。"

"就像杰克一样？"安东兴奋起来，妈妈曾经给他讲过这个杰克与阶梯的故事。这个故事和盖娅的故事不一样，盖娅的故事发生在一个安东从来没有见过的世界。但是杰克的故事就发生在和安东同样的世界里：

杰克是一个长着黑色头发和蓝色眼睛的小男孩。有一天，他居住的世界里发生了一件大事，他的世界突然变得一片黑暗，所有的灯光都熄灭了。人们点燃了火把，去检查了大铁炉，他们发现大铁炉不再发光了，大铁炉死了。人们试着把"食物"扔进已经变得黑洞洞的大铁炉进食口，却听到了石块碰撞到大铁炉肚子里面的撞击声。

这可不得了，要是大铁炉死了，整个世界都会陷入无边的黑暗和漫长彻骨的寒冬。这个世界要死了，除非人们能重新让大铁炉吃东西。

怎么办呢，要是没有大铁炉，农场的蘑菇也不会再生长，人们要么会被饿死，要么会被冻死。人们议论纷纷，都不知道该这么办，这时，这个世界里最老的老人安慰大家，大铁炉其实没有死，大铁炉太累了，它只是睡着了。

那我们快把大铁炉叫醒吧！人们纷纷喊道。

不行，老人说，我们的声音是叫不醒大铁炉的。我的爸爸的爸爸的……爸爸曾经讲过，在很久很久以前，大铁炉也睡着过，他们派出了一个勇敢的男孩爬上了黑暗的阶梯，去了天神居住的宫殿，偷回来一个宝贝，才把大铁炉唤醒的。

人们听完了老人的话，顿时鸦雀无声，没有人敢去天神的宫殿。他们宁愿饿死冻死都不愿意去爬黑暗阶梯。但是杰克站出来了，他让老人告诉他要去天神的宫殿里找什么，还有黑暗阶梯在哪里。

老人告诉杰克，孩子，你做不到的。

杰克着急了，他说为什么我做不到，你怎么知道我做不到呢？

老人耐心地说，天神的宫殿在天上，非常非常远，你要去黑暗阶梯上爬好几个日子才能爬到众神的宫殿。但是这还不够，众神的宫殿里非常非常冷，你要有很厚很厚的衣服，而且还要有一个装满空气的罐子和头盔，才能到达天神的宫殿。

那么，告诉我去哪里找很厚的衣服和罐子，还有头盔。杰克坚定地说。

老人听了杰克的话之后又说，只有这些还不够的，孩子。

还需要什么，都告诉我，我能做到的。杰克依然坚定地说。

你还需要两样东西，老人说，如果你有了这两样东西，你就一定能拯救这个世界，听好了，孩子，它们是：无畏的勇气和超凡的智慧。

我还不知道这些是什么，但是我会有的。杰克说。

你已经有了无畏的勇气，孩子，但是最重要的是超凡的智慧。我现在不能告诉你在天神的宫殿里拿到什么才能唤醒大铁炉，因为只有超凡的智慧才能告诉你。如果你真的有超凡的智慧，当你到了天神的宫殿，你自然就会知道要带回什么东西。

老人带着杰克来到了大铁炉，在大铁炉的身后，老人打开了一扇神奇的门。在门的后面是一个小小的房间。老人打开房间里的一个长长的柜子，从里面拿出了厚厚的衣服和头盔，还有一个罐子。罐子上有一个管子连在头盔上。

穿上它们，孩子，老人说，去吧，记住那两样东西，一直带着它们：无畏的勇气和超凡的智慧。

勇敢的杰克顺着一道漫长的阶梯爬到了天神们生活的天上，他从天神的宫殿里偷来了火种和食物。天神居住的地方非常寒冷，杰克要穿上最厚的衣服才能爬到众神的宫殿。

众神的宫殿里有无数高大的立柱支撑着，每一个柱子都高大的无法用语言来形容，宫殿的天花板上，镶嵌着无数璀璨的宝石。大地上到处都是白色的雪和黄绿色的小山包。杰克小心地走在天神的宫殿里，他的运气很好，没有遇到任何一个天神，于是杰克钻进了天神的城堡里，在天神发现他之前偷回来了一首歌。

"一首歌？"安东好奇地问。

"对，"妈妈说，"一首歌，超凡的智慧让杰克带回来一首歌。"

于是妈妈又唱起了木筏上的老人唱的那首歌，那是同一首歌，但是这时的安东从这首歌听出了更多的东西……某些他很久很久以后才明白的东西……

杰克在大铁炉前唱起了那首歌，大铁炉听见了歌声，它发出了一声轰鸣，渐渐地轰鸣声越来越大，隆隆的轰鸣声很快就传遍了整个世界。已经备好投食的烧火工赶忙把石块丢进大铁炉的进食口，青蓝色的光芒重新出现了。大铁炉醒来了，世界的灯光亮了起来，新鲜的空气重新充满了世界。

男孩杰克拯救了他的世界。

"千万要小心不要掉进去，"最后一次和叔叔一起工作的时候，叔叔告诉安东，安东扶着滑轨车，颤颤巍巍地将扶手抬起，看着大大小小的石块跌进散发着青蓝色幽光的大铁炉投料口，没有发出一丝声响就被深渊吞噬了。

叔叔察觉到了安东的恐惧，他拍怕身高还没到自己肩膀的侄子的脑袋，"不用怕，很快就会习惯了，用不了多久——"他耸耸肩，"你闭着眼睛都能把这件事做好了，毕竟你就是一个烧火工。"

叔叔说的没错，安东出生时，他就注定了成为一个烧火工。

安东八岁的时候，他已经能推动滑轮车了，于是他正式成为了一个烧火工。

大铁炉每七天就要吃掉三车石块，当大铁炉吃饱之后，安东也没有闲着，他要为大铁炉准备"食物"。为大铁炉准备"食物"越来越困难了，安东要穿过整个世界，爬过很多生锈的铁门，到达一个黑暗的洞穴。据说这里以前不是洞穴，是被安东的祖先们，一代一代的烧火工们挖出来的。他们用铁镐不停地挖，把挖到的石头装进推车推走，如果挖到了推不走的大石头，就拿铁锤敲碎。

安东十岁的时候，在大洞穴的尽头发现一个黑暗的隧道，他点着一个火把走了进去，这个隧道一直向上，安东突然想起杰克攀登黑暗阶梯的故事。他有些紧张地向前走，心里不禁在想，这会不会就是故事里杰克曾经走过的阶梯。但是故事毕竟是故事，走了没多远，隧道就走到了尽头。但是，隧道的尽头，安东发现了一些铁镐挖掘的痕迹，他明白了，他的祖先们一定是在这里不停地挖掘，也许这条隧道里能挖到更多的"食物"。

从此以后，安东每一次都会来到这个隧道，一点点地向前挖掘。也许他自己都没有意识到，他在做这件事情的时候，好像是在挖掘杰克的黑暗阶梯。

安东十五岁了，他认识了一个姑娘。这时，安东已经成为了一个熟练的烧火工。他已经能够不点火把就钻进隧道熟练地用小推车推出一车车的"食物",也可以真的闭着眼睛完成给大铁炉的投食。

不久之后,姑娘就住进了安东和妈妈的洞穴,妈妈已经老了,她已经很久没有给安东讲故事了。

安东十六岁的时候,和这个世界上的大多数人一样,妈妈死了。

临死前,妈妈给安东讲了最后一个故事。

夸父追日

这个故事很短,但是安东却很难理解这个故事。他不理解其中出现的奇异的词语,比如白天、黑夜和太阳。

在很久很久之前,人们还没有得罪天神的时候,那时的人们生活在大地上,有白天和黑夜,太阳会东升西落,鸟儿会在桃林中歌唱,大河东流入海,鱼儿在海里畅游。那个时候,天是蓝的,海是蓝的,草是绿的,空气中有花儿的芬芳,人们生活在大河边,河里流淌着奶和蜜,树上结着鲜美的果子,人们无忧无虑地生活着。

有一天,天上的太阳突然远离了大地,天气变得寒冷起来,大海结冰了,河水结冰了,整个世界都要冻住了,动物们都变成了水晶雕像。太冷了,人们围绕着点起了火,但是还是太冷了,太阳越走越远,连空气都要结冰了。眼看整个世界都要被冻住了。这时,一个名叫夸父的巨人站了出来,他说,我要去追太阳,我要问问太阳为什么要离开大地。

人们都劝说夸父,太阳在高高的天上,你怎么追得到呢?你没有鸟儿的翅膀,只能在大地上奔跑,你向太阳大喊,太阳也听不见你的叫声。

夸父说，如果我不去追太阳，我们都会冻死的。我必须去追太阳，它虽然在天上，但是它每天晚上都会落回地面睡觉的，那个时候我就能找到它了。

人们哀叹，传说太阳住在大地尽头的森林里的太阳神殿里，森林里还有半人半马的怪兽守卫着太阳神殿，难以想象地遥远，你怎么到达呢？

我有无畏的勇气和超凡的智慧，这是我们夸父一族的至宝，难道你们都忘了吗？夸父告诉他们，我一定会找到太阳，让它重新给我们带来温暖。

于是夸父出发了，他跑啊跑啊，他翻过一座座大山，越过一条条河流，他跑得像风一样快。他什么都不想，一直跑啊跑啊，一直向着太阳落山的地方跑去。

可是，夸父临走前忘记了一样东西，那就是坚定的信念，夸父跑了很久很久，可是他渐渐地忘记了自己要去干什么。

忘记了要去干什么，夸父的脚步渐渐慢了下来，他太累了，最后他终于倒下了，倒在了追逐太阳的旅途上。整个世界一片黑暗，夸父的心脏变成了大铁炉，沉到了地底，他的血和肉变成了我们的祖先。

我们就生活在一个坟墓里，安东。妈妈说。

安东和妻子围在妈妈身边，安东已经不像小时候那样会问各种问题了，他感到悲伤，他意识到妈妈就要死了。

安东……妈妈抓住他的手，不要忘记这三个故事，盖娅的故事，杰克的故事和夸父的故事，千万不要忘记，等你们有了孩子，要把这些故事讲给他听，讲给所有人听，不要忘记这三个故事，千万不要忘记这三个故事……

然后妈妈就死了。和其他死去的人一样，安东和妻子把妈妈葬在了农场里。

安东一直记着妈妈的遗言，他每个晚上都会去想这三个故事。在无数次的梦里，安东变成了盖娅，继续着她的旅程；安东变成了杰克，在黑暗的阶梯上攀爬，直到走进天神的宫殿；安东也变成了巨人夸父，在无边的黑暗和寒风中奔跑……

意识朦胧之际，妈妈的话在他耳边炸响：我们生活在坟墓里。

安东猛地惊醒，他在黑暗中恐惧地睁大眼睛，黑暗中只有妻子均匀的呼吸声陪伴着他。

安东一直在想那首歌的歌词是什么，但他怎么也记不起来了。

安东十八岁的时候，他的妻子生了一个女孩。那一天正好是大铁炉的进食日，当安东回到洞穴时，洞穴里多了几个邻居，他们正在帮忙照看着新生的婴儿。婴儿的哭声在洞穴里回响，她的妈妈因为难产而死，这是这个世界上很常见的一件事情。安东把妻子葬在了妈妈身边，这一次没有神父的弥撒了。老神父已经死了，再也不会有神父了。

安东给女儿起名叫盖娅。

当盖娅三岁的时候，安东开始给盖娅讲这三个故事。他一遍一遍地给女儿讲着这三个故事，一遍一遍地讲着盖娅、杰克和夸父的故事，讲着无畏的勇气、超凡的智慧和坚定的信念。

出事的这一天不是大铁炉的进食日，安东正在黑暗的阶梯中挖掘。这些年的挖掘中，安东渐渐地把隧道挖的更长更远。这一天似乎和过往的每一天都没什么不同，也将和未来的每一个日子一样，但是对于安东来说，这天似乎不太寻常。他在黑暗中挥舞着铁镐凿着面前的土层，然后把大小合适的石块捡起来放在推车上。突然轰隆一声巨响，安东惊呆了，在火把的照耀下，他看到眼前的土层向外坍塌。他愣了一会儿，才意识到发生了什么，他挖穿了世界的边界。

安东战战兢兢地走进了坍塌形成的洞口，这是他第一次走出自己的世界，他惊奇地发现自己身处于一个更大的隧道之中。他的小隧道的出口在大隧道的墙壁上，多年的挖掘让安东的小隧道打穿了世界的边界。

这是一个更大的隧道，安东把火把举高，勉强能看到洞顶斑驳的岩石。他发现脚底有什么东西，低头望去，安东惊奇地发现地上有一些他认识的东西，两条粗大的滑轨向隧道两方延伸到无尽的黑暗之中。

隧道里充满了金属和腐朽的气息，安东发现自己站在斜坡上，这条隧道不是水平的，而是通向上方。

黑暗阶梯……

那一瞬间，安东想起了杰克的故事，他几乎立即觉得自己终于找到了黑暗阶梯。妈妈的故事是真的，是黑暗阶梯！通向天神的宫殿的黑暗阶梯！

安东颤抖着退回了小隧道，他害怕惊动了天神，给他的世界带来灭顶之灾。那天晚上，安东没有给盖娅讲故事，他几乎一夜没睡着。第二天，安东大着胆子回到了那个坍塌口，发现并没有发怒的天神从黑暗的阶梯闯进来。一切都笼罩在永恒的黑暗中。安东悄悄地尽可能地用泥土和石块把缺口掩埋了起来，他决定不给任何人说起这个事情。

他退回到黑暗的洞穴里，选了另外一个方向开始挖掘新的隧道。

当盖娅五岁的时候，安东二十三岁，他已经把黑暗阶梯的事情忘记了。

灾难

当大铁炉熄灭的时候，安东正在睡觉，他被一阵嘈杂声吵醒。

刚刚醒来的时候，安东就意识到了什么不对劲，他愣了一会儿，他意识到这个世界上好像缺少了什么，过了好一会儿，安东才意识到大铁炉的轰鸣声消失了。

这个世界里的每一个人都是在大铁炉的轰鸣声中出生，在大铁炉的轰鸣声中死去，大铁炉发出的隆隆的低沉轰鸣声就是这个世界的一部分，是应该永恒存在的背景音乐。但现在，除了人们惊慌的叫喊声和无边的黑暗，大铁炉的声音消失了。

安东猛地向外跑去，身后的女儿哭喊着爸爸，爸爸！

"爸爸很快就回来，"安东对女儿说，"你好好待着，千万别乱动。"

安东熟悉从他居住的洞穴到大铁炉的路，即使在黑暗中，他也能准确摸到大铁炉。大铁炉周围已经聚集了很多人，他们惊慌地看着安静的大铁炉，嘈杂声四起。有人点起了火把，人们惊慌的脸庞在火光下若隐若现。

有人看见了安东，高声喊了一句，"烧火工来了！"

愤怒的人群立即找到了发泄口，他们包围了安东，无数只惨白的手抓着安东的衣服、掐着他的脖子，仿佛地狱里的恶鬼，"是你干的！"

"你没照顾好大铁炉！"

"杀了他！"

安东拼命地挣扎着，他不停地辩解着，"不，不是我……"但是他微弱的声音在人海的巨浪中淹没了，没有人听他的话。

"都住手。"一个苍老威严的声音响起。

喧闹声消失了，人群认出了是世界上最年老的老人来了。这个老人白发白须，拄着拐杖，很少有人能活到他这个年龄。

"放开他。"老人说。

人群放开了安东，安东差点站立不稳摔倒在地上，他浑身上下都火辣辣的疼。但是他的心里却燃起一股希望的火焰。在杰克与阶梯的故事里，当大铁炉熄灭之后，正是一位老人告诉了杰克应该怎么做。

"大铁炉发怒了，但是我知道怎么唤醒大铁炉，"老人看了一眼安东，但他的下一句话就让安东浑身的血液都凝固了，"把烧火工扔进大铁炉里，要是还不行，就把他的女儿盖娅也扔进去！用罪人的血肉来平息大铁炉的怒火！"

"不！"安东大喊道。

但他的声音被淹没在疯狂的人群之中，几个人冲过来试图抓住安东，安东知道如果被这些丧失理智的人抓住就完了。烧火工的工作给了安东强健的肌肉和灵活的身体，他猛地跳后一步，在人群包围他之前逃了出去，他向自己的洞穴冲去。

盖娅……

疯狂的人群在他身后追逐着，大铁炉的熄灭带来的恐慌剥夺了他们的理智。安东听见老人在身后高声叫嚷，"抓住他，抓住他的女儿！"

快跑！安东像旋风般冲进了洞穴，盖娅正不知所措地坐在地上。安东一把就把女儿搂在怀里，转身往洞穴外跑去。幸运的是，他在人群赶到之前冲出了洞穴，要去哪里，安东抱着女儿极速地奔跑着。黑暗中只要一点点微弱的光就足够安东看清楚眼前的路面了，他奔跑在黑暗的世界里，跑过埋葬着妈妈和妻子的农场，跑过人群聚集的洞穴，在人群发现他之前，安东逃进了他最熟悉的洞穴。

但是危险尚未远去，他听见杂乱的脚步声从他们身后响起，安东抱着女儿逃进了洞穴深处的那条小隧道。这个世界上除了安东没有人知道这条小小的隧道，在黑暗中人群一时半会儿找不到这里。他们暂时安全了，安东抱着女儿悄悄地躲在隧道里。

"爸爸，"女儿也意识到了危险，她轻声问道，"那些叔叔阿姨们为什么要追我们呀？"

"他们……"安东张了张嘴，眼泪在他眼眶里打转，"爸爸不知道，盖娅。"

父女俩在黑暗中悄悄地躲藏着。安东把女儿紧紧地抱在怀里，他们感到非常寒冷。不知道过了多久，喧哗声远去了，女儿在安东的怀里睡熟了。

不知道为什么，安东的脑海里一直徘徊着杰克与阶梯的故事，他突然想起来，杰克是在大铁炉的背后的房间里找到了厚厚的衣服和头盔，还有装空气的罐子。安东突然有了一种冲动，他要像杰克一样爬上黑暗的阶梯，去天神的宫殿寻找唤醒大铁炉的希望。

安东悄悄起身，唤醒女儿，"盖娅，爸爸要去做一件重要的事情，你千万不要说话，要安静，爸爸会一直陪着你。"

"好的，爸爸。"盖娅说。

安东紧紧地抱着女儿从原路返回，他悄悄地行进，躲避着人群，回到了大铁炉旁边。疯狂的人群已经散去了，也许他们正在安东的洞穴口等着他，但是安东不准备回去了。他摸着大铁炉往大铁炉的身后走，他从来没有来到过大铁炉身后的阴影中。大铁炉燃烧的时候，没有人敢这么靠近大铁炉。

安东小心地摸索着，最后，他来到了大铁炉背后，那里是一堵墙。安东摸着墙继续走，最后他欣喜地发现那里真的有一道门。安东的心脏怦怦直跳，他找到一个门把手，紧紧地抓住，猛地一拉。

那扇门发出了难听地摩擦声，艰难地打开了。安东静静地等待了一会儿，盖娅紧紧地搂着他的脖子，他们一同听着外面的动静。没有脚步声，没有喧闹声，人群没有听到他们。

安东深吸了一口气，走进了房间。奇怪的是，房间的角落里亮着一盏小小的红灯，尽管很微弱，但也足够安东看清楚房间里的布局。房间很小，充满了尘埃和腐朽的气息，在房间的右手边真的有一排铁质的柜子。安东的呼吸声急促起来，他拉开了柜门，柜子里真的挂着厚厚的衣服，在柜子上方也摆放着一排带着透明面罩的头盔。

安东把女儿放下，盖娅好奇地看着父亲开始穿戴那件奇怪的连体服。衣服是黑色的，很贴身，穿上之后并不显得笨重，更像是一件黑色的盔甲。衣服的表面是一种安东从未见过的材料，与其说穿衣服，不如说是钻进这套衣服里。幸运的是，安东也找到了一件小孩子穿的衣服，他也帮盖娅穿进了那件奇怪的衣服，扣上面罩之后，面罩边缘的一排绿灯亮了起来。

穿戴完毕之后，安东抱起盖娅。盖娅透过面罩看着爸爸，显得既兴奋又好奇，"爸爸，我们要去哪儿？"

"盖娅，爸爸要带你去一个好玩的地方。"安东低声说，同时抱紧了女儿。

安东不知道黑暗阶梯有多远，但他要准备一些食物和水，就像故事里的杰克那样。他们不能回"家"了，安东只能另想办法。他抱着女儿从大铁炉背后蹑手蹑脚地走了出去，外面没有人，从远处传来一些微弱的喧闹声和火把的微弱光线。

这已经足够安东看清楚脚下的路了，黑色的盔甲让他和女儿更容易隐藏在阴影中，安东抱着女儿来到了农场，他想偷一些吃的。但是农场里到处都是疯狂的人，他们知道大铁炉熄灭的后果，每个人都在疯狂地抢夺着农场里的食物。这个世界要死了，安东悲哀地意识到，农场不会再产出新的蘑菇了。

安东带着女儿悄悄离开了，他意识到自己可能会死在黑暗阶梯上，但留下的后果也不会好到哪里去。至少，他和盖娅在一起。

安东摸黑走进洞穴，然后来到小隧道的洞口，走了进去，走了没多远，他就来到了坍塌的洞口前。安东把女儿放下，在洞壁上摸索着，很快他就找到了，一支以前留在这里的火把。

安东点燃了火把，然后牵起女儿的手，这一刻，他突然有些犹豫。一想起那无尽地向上的黑暗阶梯，安东情不自禁地心生怯意。他握紧女儿的手，泪水模糊了眼眶，他不知道前面的黑暗中隐藏着什么，但是他有权力替女儿做出这种选择吗？

但是他别无选择，他们的世界正在死去，人群已经疯了，他们会杀死安东和盖娅。

安东拉下了面罩。

无畏的勇气。

是的，这就是安东现在需要的。他牵起女儿的手，走进了茫茫无尽的黑暗中。

黑暗阶梯

安东牵着女儿的手沿着脚下的滑轨向前走，两条滑轨的中央是无数阶梯，他们就行走在这些排列整齐的阶梯上。

时不时地，安东会点燃火把，照亮一下前面的路。但是当他们行进的时候，安东会熄灭火把，他们面罩上的绿色小灯足以照亮眼前的路。

安东已经不记得故事里的杰克走了多久，当盖娅走不动的时候，安东蹲下身抱起她，他不敢停下，他怕一旦停下，无畏的勇气就会消失。

除了无畏的勇气，他还需要坚定的信念。在黑暗的尽头，天神的宫殿里，真的有能重新唤醒大铁炉的那首歌吗？好冷啊，温度似乎一直在下降，女儿的身体微微颤抖着，安东紧紧地抱着她小小的身躯，他们在黑暗中继续跋涉，向着天神的宫殿进发。无畏的勇气和坚定的信念，安东一直默念着这句话，他不能停下，他要像杰克一样拯救他的世界，他要重新唤醒大铁炉，给他的世界带来光明和温暖还有可口的食物。

他不能停下，为了所有艰难挣扎生活的祖先，为了早已消失在他记忆迷雾深处的父亲，为了死去的妈妈和妻子，他不能停下，为了盖娅，他的女儿。

不知道走了多久，安东的双脚已经麻木了，整个世界都只剩下一片黑暗，无穷无尽的黑暗从四面八方包围着他和盖娅。安东带着女儿会一直这样走下去，走下去，直到走到尽头……

太累了，安东已经快走不动了。

"杰克，记住，无畏的勇气和坚定的信念一直在伴随着你。"老人说，"你一定要爬上阶梯，那里有拯救这个世界的希望。"

我知道，老人家，我是杰克，我会用歌声唤醒大铁炉，我的世界会重新充满光明和温暖还有可口的食物。安东回答，往前，继续往前。

"盖娅，继续走，盖娅，别停下，妈妈生病了，她在等你的药。"妈妈说。

是的，妈妈，我知道……我会的……安东从背上抽出铁剑，戴上圆形草帽，手持圆规和尺子，穿过河流……

"站住！"红眼巨怪说，"留下来！"

不，妈妈生病了，世界生病了，我要去……安东用圆规和尺子打败了巨怪，继续前进。

好冷啊，地面已经变成了白色的雪，整个世界都被冻住了，快跑啊，夸父，快跑啊，太阳就在前面，快追上它……一群变成冰晶的动物们齐声歌唱：

> 快跑，快跑，快跑！
> 夸父！夸父！夸父！
> 跨过大山，穿过河流，越过峡谷！
> 如果你渴了，去喝光黄河里的水！
> 如果你渴了，去喝光渭河里的水！
> 如果你渴了，去喝光大海里的水！
> 快跑，快跑，快跑！
> 去追！去追！去追！
> 光明已经不远！黑暗就要退却！
> 希望！希望！希望！
> 选择希望！选择希望！

你累了吗？安东，妈妈关切地说，我知道你很累，可是你不能停下，有无畏的勇气和坚定的信念陪伴着你，有盖娅陪伴着你，所有人都在你身边与你同行……

安东突然听到一个声音，一个来自于尘世的声音，他停住了脚步，仔细聆听。

又来了，有人在说话。

恐惧从脚底升起，把他淹没，安东吓得一动也不敢动，他怀中的盖娅依然在安睡着。死去的所有人的冤魂似乎都聚集在他的周围窃窃私语。

"天哪，从下面来的人！"一个声音惊叹道，紧接着是一串杂乱的脚步声传来。安东看见了，三四根光柱杂乱地晃动着朝他跑来。

安东的意识向黑暗的深渊滑落。

上海

当安东醒来的时候，他以为自己依然身处那个他从小居住的洞穴。

但他的意识马上就恢复了，他正在攀登黑暗阶梯……和他的女儿，不，安东瞬间清醒过来，不，他的女儿在哪里！盖娅！盖娅！盖娅！

安东往左看去，他的心落回了胸腔，他的女儿正躺在他的身边熟睡。他们的盔甲都已经被脱掉了，此时安东和盖娅正躺在两张洁白的床铺上，

这是一个多么整洁的房间，柔和的白色灯光从天花板上洒落，空气中有一股清新的气息……这里是哪？

安东翻身下床，离开了柔软的床铺，他走到盖娅的床边，盖娅还在熟睡。这时，房门打开了，一个身穿白色衣服的女人走了进来，"你醒了？"她和颜悦色地说。

"这是哪儿？"安东听见自己说。

"欢迎来到上海。"女人露出温暖和煦的笑容，"你可以叫我艾丽。"

接下来的几天里，安东逐渐了解了上海这座城市。这座城市和安东所在的地下城（安东此时已经知道他生活的世界只是一个身处地底的城市）相比更接近地面，甚至有些区域是直接和地面相连的。这座城市也是靠一个大铁炉生存，大铁炉同样给这座城市提供热量，灯光和食物。但是这座城市里的人们不会以为上海就是整个世界，他们知道在他们头顶就是天神的宫殿。

"我们真的没想到，还有人生活在地下城里。"艾丽说，"我们以为地下城早就——你们怎么活下来的？"

听了安东的讲述之后，上海已经派遣了会修理大铁炉的工程师前往地下城帮助地下城修理了大铁炉。但是上海市拒绝让地下城的人移民到上海，因为每个城市的资源都是有限的，上海承载不了那么多人口。

听了艾丽的问题，安东笑了笑，"我们总得活下去，不是吗？"

艾丽的眼睛里露出了一丝怜悯，"几百年前发生过一场地震，一定是地震封堵了地下城的出口，这么久了，你们都忘了这些，你们以为地下城就是整个世界。"

"是谁修建了地下城？"安东问。

艾丽摇摇头，"谁知道呢，我们也不知道自己从哪里来的，我们也不知道到哪里去。"

"天神的宫殿，是真的？"安东给艾丽讲述了他的目的。

艾丽笑了起来，"是真的，"她说，"不过，你想去看看吗？"

"我的女儿也要一起。"安东说。

他们重新穿上了厚厚的防护服，走上了真正的地面。

天哪，安东以为妈妈的故事里面充满了夸张，他现在才发现原来妈妈的故事里对天神宫殿的描述是多么贫瘠。无数的巨柱真的矗立在大地上，直耸苍穹，离他们最近的一个巨柱几乎像一堵巨大的墙壁！

这就是天神的宫殿！在苍穹之上，无数的宝石闪烁着明亮的光芒，整个大地都是天神的宫殿！

盖娅看呆了，她紧紧地抓着爸爸的手。

"这就是天神的宫殿……"安东的泪水夺眶而出，"天神在哪里？"

艾丽摇摇头，她的声音从耳机里传来，"没有人见过天神，也许它们早就离开了，只剩下我们。"

那天，他们在天神的宫殿里漫步，盖娅兴奋地攀爬着黄色和绿色的山丘，那些山丘在灯光下反射着奇异的色彩。而安东则一直望着宫殿苍穹，望着那些璀璨的宝石，脑海中不断响起妈妈的话。

不要忘记这三个故事，盖娅的故事，杰克的故事和夸父的故事，千万不要忘记，等你们有了孩子，要把这些故事讲给他听，讲给所有人听，不要忘记这三个故事，千万不要忘记这三个故事……

"艾丽，你听说过一首歌吗？"安东问道。

"一首歌？"

"是的，一首能唤醒大铁炉的歌。"

"不，没有，很久都没有人唱歌了，"艾丽说，"如果你真的想找到歌，你可以去遗迹里找找看，据说那里保存着很多书，也许在书里面你能找到那首歌。"

他们返回上海之后，艾丽就带着安东去了遗迹。没有人知道遗迹是谁建造的，也许是他们的祖先，所有的人都有自己的职责和工作，没有人去读那些遗迹里的书。尤其是很多书已经完全看不懂了。

安东发现了一座图书馆，他走了进去，从一排排堆满了书的书架中走过，不知道为什么，一种难以描述的情感从安东的心底升起。这些书，每一本都是他的祖先写就，血肉相连，每一个书架前都站着一个睿智的灵魂。正是他们，写出了这些不朽的诗篇和智慧的文字。

安东从未见过这么多书，他战战兢兢地从书架上取下一本书，却发现自己完全读不懂里面的文字。

艾丽帮他解决了这个问题，艾丽找来了一本小孩子们学习文字的书，并教会了安东如何使用一种叫做拼音的字母。当安东已经知道如何自己去学习的时候，他几乎再也没有走出过那座图书馆。

安东如饥似渴地读着那些书，从书里，他随着一位老人与风浪搏斗；随着一位英雄为了保护家园与魔物战斗；看着一个帝国的兴起和毁灭，当帝国的都城被来自东方的军队攻陷时，安东不禁掩卷长叹；但是很多书是安东看不懂的，安东茫然地看着《几何原本》、《微积分》、《相对论》、《量子力学浅析》、《通信原理》、《信号与系统》、《线性代数》、《计算机原理与汇编语言》……每一本书里都有大量的枯燥的符号和数字组成的图案或者一些莫名其妙的字母组成长长的排列……安东完全无法理解这些书的内容，他相信整个上海也没有人能看懂这些书……但安东的直觉告诉他，这些书里隐藏着惊人的智慧和秘密。但安东现在无法揭开这些秘密，甚至永远也无法揭开……

有一天，艾丽走进了图书馆，她在一个书架背面找到了席地而坐的安东。让艾丽大为惊讶的是，安东整个人都在颤抖，他听见了艾丽的声音，抬起头看着她，艾丽发现安东满脸都是泪水。

"艾丽……我……"安东手里拿着一张奇怪的纸，"我知道了……"

艾丽蹲下身子，关切地看着安东，"什么？安东，你知道什么了？"

"我知道，我们是从哪里来的了。"安东哭泣着，泪水大颗大颗地滴下。

盖娅的旅行

整个上海最聪明最有权势的人都聚集起来了。艾丽说服了他们放下手中的工作来到这个小小的会议室。

一张纸在人们之间传阅着，但没有人看懂那张纸是什么，最终，人们疑惑的目光聚焦到了安东身上。

于是安东像多年以前的妈妈一样，给这群成年人讲了盖娅的故事。安东娓娓道来，他仿佛回到了那个黑暗的洞穴，妈妈给五岁的安东温柔地讲着这个故事。每一个情节都烂熟于心，每一个语气和停顿都恰到好处，当安东讲完这个故事时，会议室里陷入了长久的沉默。

"这是个美丽的故事，"艾丽由衷地说，"你有一个世界上最好的妈妈，可是，你让我们来，就是为了听这个故事吗？"

"不，"安东摇摇头，眼睛里有泪光闪烁，"这个故事告诉了我们从哪里来，盖娅就是我们脚下的大地，我们的地球盖娅，盖娅的旅程，就是我们地球母亲的旅程。"

会议室里一片哗然，一个人站起身，"你有什么根据？"

"这张图，就是我们曾经的家园——太阳系。你们看，最中间是太阳，也就是盖娅的妈妈，妈妈生病了，所以盖娅离开了太阳系，告别了妈妈和弟弟妹妹，在这个故事里面，盖娅告别了墨利和维纳，"安东说，"墨利就是墨丘利，这张图中最靠近妈妈的行星，还有维纳，也就是图中的维纳斯。盖娅告别了妈妈和弟弟妹妹之后，先遇到的红脸叔叔就是火星，因为火星看起来是红色的，而从火星上，人类取得了很多金属矿产，也就是故事中红脸叔叔给盖娅的铁剑。盖娅告别了红脸叔叔之后，遇到的那条河是小行星带，我们的祖先用了一种威力巨大的武器把可能撞到地球的小行星全部击碎，就像盖娅用小石头把鳄鱼打败。接下来她遇到了太阳系中最大的行星，也就是故事中的红眼巨怪，木星最大的特点就是它的表面存在一个巨大的红色漩涡。而人类工程师用了精确地数学计算让地球避开了木星。然后盖娅又遇到了一个戴着圆形草帽的姐姐正带着三十几个孩子玩耍，这就是地球遇到的下一个行星——拥有一个最美丽光环的土星，恰好就像戴着圆形草帽，而土星有三十多颗卫星……"

"你是怎么知道这些行星的资料的？"一个人打断安东。

安东拿出一本画册，"从这里，这本画册里，不仅画出了每一个行星的位置和特征，而且还画了我们的地球原本的模样。"他把画册放在桌子上。他悲哀地想着，这些书都在图书馆里放着，没有人去看，人类已经丧失了最基本的好奇心。

"下一个是天王星，故事中翻滚着前进的蓝衣男孩，而天王星的特征就是一颗蓝色的行星，它的自传方向和其他行星都不太一样，它的自转方向几乎垂直于黄道面，看起来的确是在打着滚行走。地球从天王星这里得到了一次加速，逃脱了下一颗行星的引力范围，海王星是一颗巨大的深蓝色行星，它的表面同样有一个黑色的漩涡，也就是故事中的蓝色巨怪。"

"最后，盖娅来到了冥河，一个老人撑船帮助她渡河，这就是最后一颗行星，冥王星，而撑船的老人是冥王星的卫星卡戎，在神话传说中，卡戎是冥河上的船夫。"

"这就是这个故事的含义了，这个故事不是童话，而是人类遗失的历史，所有的情节都完全对得上，这个故事描述了我们的地球如何离开了太阳系，如何离开了太阳妈妈和所有的太阳系成员。我知道你们现在可能还不明白什么是自转，什么是引力，什么是黄道面……你们会懂的，如果你们多去图书馆里读读书，那些书是我们的祖先留给我们的，所有的一切都在那里面。"

会议室里鸦雀无声，人们震惊地沉默着，他们再次传看着那张地图和那本画册，此时在他们眼里，那张地图已经和刚才完全不一样了。

"这个故事，"艾丽轻轻地说，"安东来上海的第一天，就给我讲起过……"

"可是，我们的祖先是怎么推动地球离开太阳系的？"一个人不确定地问。

"也许，"安东看向天花板，他的目光仿佛穿过了头顶厚厚的地层和冰雪，"答案就在天神的宫殿里。"

于是他又给人们讲述了第二个故事，杰克与阶梯的故事。

听完了第二个故事之后，人们再次陷入了沉默。一个人问道，"你是说，这个故事，预言了你拯救地下城的经历……这太不可思议了……你的妈妈怎么知道，你就是杰克？"

"不，"安东摇摇头，"我拯救的地下城，不是用歌声唤醒了大铁炉，真正的大铁炉不是地下城和你们上海的大铁炉，而是天神宫殿里的巨柱，它们才是真正的大铁炉，我们要用歌声唤醒它们，它们是——"安东扫视着众人，"地球发动机。"

会议室里一片哗然，一个更疑惑的声音响起，"可是我们为什么要离开太阳系？"

"因为妈妈病了，太阳生病了，太阳系将马上就不适合人类生存，所以我们的祖先建造了巨大的地球发动机，将地球推离了太阳系。"

"那么我们要去哪里？！"

"盖娅要去的地方，半人马森林，"安东说，"距离太阳系最近的恒星系的名字叫做半人马座。"

然后安东给他们讲述了第三个故事：夸父追日。

"在这个故事里，夸父追逐的太阳居住的地方也是半人马森林，也就是半人马星座中的恒星，比邻星，我们的新太阳。这个故事和盖娅的故事都告诉了我们旅程的终点在哪里。只有地球到达了比邻星，才能结束这个无边黑暗的世代和冷彻骨髓的寒冬。"

"这是多么宏伟壮丽的旅程，让上帝和众神都为之战栗的计划，我们伟大的祖先才是真正的天神，而我们——"安东的泪水再次夺眶而出，"我们却忘记了这一切，忘记了所有的光荣和荣耀，我们就像老鼠一样生活在黑暗的地下，我们丢失了好奇心，丢失了知识，丢失了智慧，丢失了探索的欲望，我们丢失了一切……"

"可是还不晚，我们要找到那首歌，那首歌就藏在图书馆里，我们还有孩子，我们可以从头开始学，从 1+1=2 开始，从最简单的一元二次方程开始……早晚有一天，我们可以重新捡回那些让地球开出太阳系的伟大知识，我们要重新唤醒大铁炉，重新唤醒地球发动机，继续我们的旅程！"

顿了顿，安东一字一顿地说，"用我们无畏的勇气，坚定的信念和超凡的智慧。"

会议室里再次陷入沉默，片刻之后，低低的哭泣声响起，所有人都泪流满面。

启程

三百年后。

地球执政官站在地球驾驶室里，他的面前是一块巨大的屏幕和一个红色的启动按钮，在他的身后，站立着黑压压的科学家和地球发动机工程师，所有人都在注视着执政官。执政官轻轻合上眼睛，他的耳旁仿佛传来一首歌，不，那是真的，此时此刻，地球上所有的人类都唱起了那首歌。

在他们身后，是一排篆刻在墙壁上的大字：无畏的勇气，坚定的信念，超凡的智慧。

> 从视觉上看不出这里的大小，因为驾驶室淹没在一幅巨型全息图中，那是一幅太阳系的模拟图。整个图像实际就是一个向所有方向无限伸延的黑色空间，我们一进来，就悬浮在这空间之中。由于尽量反映真实的比例，太阳和行星都很小很小，小得像远方的萤火虫，但能分辨出来。以那遥远的代表太阳的光点为中心，一条醒目的红色螺旋线扩展开来，像广阔的黑色洋面上迅速扩散的红色波圈。这是地球的航线。在螺旋线最外面的一点上，航线变成明亮的绿色，那是地球还没有完成的路程。那条绿线从我们的头顶掠过，顺着看去，我们看到了灿烂的星海，绿线消失在星海的深处，我们看不到它的尽头。在这广漠的黑色的空间中，还飘浮着许多闪亮的灰尘，其中几个尘粒飘近，我发现那是一块块虚拟屏幕，上面翻滚着复杂的数字和曲线。
>
> ——摘自《流浪地球》

"时间到了，长官。"一个工作人员轻声说。

经过几百年的大学习，人类重新建立起了统一政府，散落在地球各个角落的人们又重新取得了联系。人们建立了学校，建立了科学院，走出了蒙昧，人们的目光重新投向星空，投向半人马座——他们未来的家园。科学家们和工程师们已经调查和计算清楚了，人类在加速时代的尾声遇到了一场未知的灾难，导致地球发动机停止了运行，提前结束了流浪时代Ⅰ（加速）。根据计算，人类现在将重新启动加速，然后在五百年后进入流浪时代Ⅱ（减速），最后地球会进入比邻星的轨道，进入新太阳时代。

这场灾难让人类计划中两千五百年的旅程延长到了三千年。

但还不晚。

人类重新找回了无畏的勇气、坚定的信念和超凡的智慧。在无尽的漫漫长夜和孤寂的旅程中，依然有人选择了仰望星空。正是这种精神，让人类成为了人类。

"向安东致敬。"历史对这一刻的记载是一致的，当预定的点火时间到来时，地球行政官只说了这五个字。

然后他庄严地按下了红色按钮。

地层深处发出了隆隆的巨响，昏暗的大地突然进入了白天，无数巨大的光柱直射苍穹，天神的宫殿再一次迎来了光明，地球发动机重新启动了。

聚集在地面上的人们不约而同唱起了那首歌，他们每一个人手里都拿着一本书，书上的四个大字在地球发动机的照耀下光芒万丈——《流浪地球》。

> 我知道已被忘却
>
> 流浪的航程太长太长
>
> 但那一时刻要叫我一声啊
>
> 当东方再次出现霞光

　　　　我知道已被忘却

　　　　启航的时代太远太远

　　　　但那一时刻要叫我一声啊

　　　　当人类又看到了蓝天

　　　　我知道已被忘却

　　　　太阳系的往事太久太久

　　　　但那一时刻要叫我一声啊

　　　　当鲜花重新挂上枝头

　　　　……——摘自《流浪地球》

在歌声中，人类起航了，地球起航了。